KB143383

잘 노는 아이가
공부도 잘한다

Copyright ⓒ 2019, 이미영, 유지수
이 책은 한국경제신문*i* 가 발행한 것으로
본사의 허락없이 이 책의 일부 또는 전체를 복사하거나 무단전재하는 행위를 금합니다.

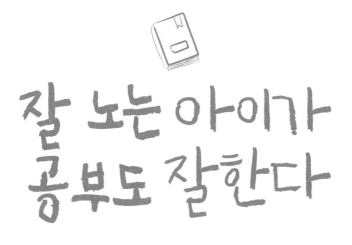

잘 노는 아이가 공부도 잘한다

이미영, 유지수 지음

한국경제신문*i*

C O N T E N T S

C O N T E N T S

5

Planner's Article

잘 노는 아이들이 성공하는 사회를 꿈꾸며

아날로그 세대인 나는 디지털 세대인 요즘 아이들의 놀이 문화를 잘 알지 못한다. 우리 아들을 통해 요즘 아이들이 어떻게 노는 지 조금 알 뿐이다. 내가 아날로그 세대라고 서두에서 밝힌 까닭은 아날로그 세대였던 우리 때만 해도 집 앞에 나가면 동네 아이들과 어울려 놀 수 있었던 환경이었기 때문이다. 놀이터가 없어도 골목골목에서 고무줄, 땅따먹기 등 함께 놀 수 있는 아이들이 많았다. 그러나 요즘은 차도 많아지고 놀이터에서도 노는 아이들을 찾기가 힘들다. 조기교육 열풍 덕에 어려서부터 각종 학습지에 학원을 도는 아이들은 놀이터보다는 학원에서 친구를 사귈 정도다.

그렇다고 해서 아날로그로 돌아가자는 것은 아니다. 내가 이야기하고 싶은 것은 요즘 아이들은 그만큼 예전보다 놀기가 더 힘들어졌다는 사실이다. 우리 아들은 게임을 좋아하는 편이라 게임을 좋아하는 친구들과 함께 어울려 잘 놀곤 한다. 디지털 세대인 아들이 게임으로 친구들과 노는 것에 조금 불만인 나는, 아들에게 친구들과 아날로그 방식으로 놀아볼 것을 제안해봤다. 친구들과 함께 도서관에 가거나 영화도 보고 서점에 가서 함께 책도 보고 만화방에도 가보기를 권했지만 아들은 "요즘은 엄마 세대와 달라서 그렇게 노는 친구들이 별로 없어요"라고 말했다.

아날로그 방식으로 놀던 우리 어른 세대는 놀이의 힘을 요즘 아이들보다는 좀 더 강렬하게 느끼며 자란 셈이다. 놀이는 무언가에 몰입해 집중하는 힘을 키워주고, 창의적인 생각을 할 수 있도록 이끌어줄 뿐만 아니라 서로 협동하는 방법도 알게 해준다. 엉뚱하고 별난 생각도 대개 놀이를 통해 나온다. 그리고 놀이는 실패가 성공의 지름길이라는 법칙도 체험하게 해준다. '틀리면 어때, 다시 또 해보면 되지!'라는 생각은 잘 놀 수 있을 때만이 나오는 생각이다. 실패를 두려워하지 않고 실패를 새로운 도전으로 이끄는 놀이의 힘은 어쩌면 아날로그 세대의 풍성한 놀이 환경에서 나오는 것 아닐까 싶다. 요즘 아이들은 예전만큼 잘 놀기가 힘들다. 그건 분명히 요즘 아이들이 갖춘 열악한 조건의 하나일 것이고, 창의적인 인재를 필요로 하는 4차 산업혁명에는 어울리지 않는 덕목일 것이다.

요즘 아이들은 놀기 위해 노력을 해야 한다. 정보를 교류하기 위해 또래 엄마들과 친해져야 할 뿐만 아니라 때로 레고 방과 같은 놀

7

이방에서 비용을 내면서 놀아야 할 정도다. 어떻게 보면 잘 놀지 못하는 환경을 가진 요즘 아이들이 안타깝기도 하다. 나는 잘 노는 아이들이 성공하는 사회를 꿈꾼다. 사실 '강남스타일'로 세계를 들썩이게 했던 싸이도 '말춤'으로 전 세계인을 하나로 만들며 잘 노는 문화를 세계에 전수한 연예인 가운데 한 명이다. 방탄소년단의 칼 군무와 청소년에게 내면을 돌아보게 하는 영감 있는 가사와 노래가 주는 메시지도 우리의 잘 노는 문화 덕에 가능한 것이다. 한류란 흥이 많은 우리 민족, 풍물을 치며 농사를 기원하고 노동요를 부르면서 모를 심던 민족의 DNA가 만들어낸 것이라고 볼 수 있다. 그리고 자기 주도학습이 유행인 까닭도 스스로 공부하는 아이들이 지치지 않고 공부를 해내기 때문이다. 누군가 시켜서 공부하는 것이 아니라 스스로 공부하고자 하는 자기 동력을 지닌 아이들이 공부에 재미를 느끼기 때문이다. 많이 놀아본 아이들, 제대로 놀아본 아이들, 신나게 노는 아이들, 놀이에 흠뻑 빠져 사는 아이들은 자기 주도성이 강한 아이로 자랄 수 있다. 놀이는 그만큼 아이들에게 주는 것이 많다.

이 책의 제목은 "잘 노는 아이들이 공부도 잘한다"이다. 놀이는 학습과 많은 관계를 맺고 있다. 잘 놀아본 아이들은 공부를 잘할 수 있는 조건을 갖출 수밖에 없다. 놀이는 앞서 말했다시피 자기 주도성과 창의력, 집중력, 협동심을 고루 갖추게 해주기 때문이다. 고독한 천재는 필요 없다. 4차 산업혁명에 필요한 천재는 사회성을 갖추어야 한다. 점점 더 혼자서는 살 수 없는 사회가 될 것이다. 사회성을 키워주는 것에 놀이만큼 좋은 것이 없다. 잘 노는 아이들이 성공하려면 사회와 국가가 놀이의 중요성을 깨달아야 한다. 놀이가 학습과 많은 관계가 있다는 것을 알게 된다면 많은 부모들이 어려서부터 놀이에 투자할 것이다. 이 책은 그런 기획 의도를 갖고 시작되었다. 많은 부모들이 놀이의 힘을 깨닫고 국가적으로도 놀이의 중요성을 인식하고 정책적으로 뒷받침되기를 기대한다.

김자영

P R O L O G U E

놀이의 과정 = 부모와 자녀의 관계 = 학습의 과정

이이는 놀아야 좋다는 건 알아요.

하지만 어떻게 놀아줘야 할지 모르겠어요.

성적은 중요하지 않아요. 자기 할 일만 하고 논다면요.

제가 보기에는 계속 놀고 있는데 부족하대요.

그러면서 할 일을 미루니까 답답하지요.

학교 들어가기 전에 학습 태도를 잡아주고 싶어요.

왜 이런 문제가 나타났는지 모르겠어요. 놀이가 부족했나요?

어디까지 풀어놔야 할지 걱정이에요.

아이를 키우는 부모님들이라면 대부분 이런 고민을 했을 것입
니다. 아이는 놀아야 한다는 신념을 지닌 부모님이라도 공부라는

문제에 맞닥뜨리면 하루에 몇 번씩 흔들리는 게 현실입니다. '내가 이렇게 있어도 되는 건가' 불안감이 엄습해오지요. '아니야, 아이는 잘 놀아야 하는 게 맞아'라며 마음을 다잡아 봐도 혹시 공부의 기초를 잡아야 할 시기를 놓치고 아이를 방치하는 것은 아닌지 걱정이 되지요. 그래서 최소한의 공부를 시키자는 마음으로 아이를 다그치다 보면 결국 부모님의 기대가 만든 세상에서 아이가 학습에 대한 자신감마저 잃어가는 건 아닌지 마음이 힘들어집니다.

우리는 하루에도 몇 번씩 갈등하고 아이를 학습으로 잡았다가 풀었다가 혼을 냈다가 방관했다가를 반복합니다. 아이가 놀 때 불안한 마음이 드는 것은 우리가 놀이의 본질에 대해 잘 모르기 때문에 그렇습니다. 저희는 이 책을 통해 놀이가 무엇인지 진짜 아이를 그냥 놀려도 되는지, 또 어떻게 놀아줘야 하는지 안내해드리려고 합니다.

많은 부모님이 아이는 놀아야 한다고 외치지만 정작 아이에게 "마음껏 놀았니?"라고 묻는다면 "네"라고 대답할 아이가 없는 현실입니다. 충분히 놀지 못하는 우리 아이들. 무엇이 우리 아이들로부터 놀이를 빼앗는 걸까요? 대부분 '공부'라고 대답할 것입니다. 정말 놀이가 공부시간을 빼앗고, 공부 때문에 놀지 못하는 것일까요? 과연 공부는 놀이의 적이고, 놀이는 공부의 적일까요?

많은 시간을 공부하는 아이들에게 공부를 많이 했냐고 물으면 자신 있게 열심히 공부했다고 말하기 주저하곤 합니다. 여러 부모님이 아주 어릴 적부터 수많은 정보를 통해 최선의 공부 방법을 쏟아붓는데도 아이들은 여전히 공부를 쉬워하지 않습니다. 공부를 곧 잘 하는데도 조금 놀면 자신은 쓸모없는 사람이라고 느끼며 불안해 합니다. 대부분의 아이는 무엇을 위해 공부하는지도 모른 채 공부 훈련을 받습니다. 정확히 말하면 공부가 아니라 시험을 잘 보고 성적을 올리는 방법을 배우고 있기 때문에 공부한 후에 오는 충만하고 꽉 찬 기분을 느끼지 못하는 것입니다.

그저 시험을 잘 봐야 한다는 생각으로 공부해온 아이들의 미래는 요즘 제가 흔히 만나는 대학생들과 같습니다. 그들은 질문을 위한 질문을 하고, 교수의 눈도장을 찍고 잘한다는 인상을 남기고, 생각하지 않고 통째로 외웁니다. 지식과 지혜를 건져 올리는 생각의 틀이 없기에 어른이 된 사신의 삶에 적용하지 못합니다. 그들은 커서도 가짜 공부를 하는 것입니다. 마치 어떤 도시를 찾아가는 데 있어서 풍경을 구경하면서 가도 되는 길을 어떻게 발을 땅에 내디디면 될까 걱정하며 돌멩이를 분석하고 길을 파헤치는 것처럼 보입니다.

당장 공부를 시키지 말고 그만큼의 놀이시간을 주자고 말하는 것이 아닙니다. 자신의 삶을 꾸리는 아이들에게 공부는 자기 상승욕구와 부합하기 때문에 충분히 논다고 해서 공부를 포기하지는 않습니다. 여기서 말하는 공부는 여러 가지 방면의 지식과 지혜를 얻어가는 진짜 공부입니다. 진짜 공부를 하지 못하는 아이들, 공부를 하면서도 늘 불안한 아이들의 문제는 무엇일까요?

그건 아이들이 제대로 놀 줄 모르기 때문입니다. 아이들은 '숙제해야 하는데 하기 싫다. 잠시만 놀아야지'라고 부담감을 느끼며 놉니다. 마치 놀면 삶에서 뒤떨어진다는 자책에 빠져 있으므로 진심으로 '아, 잘 놀았다'라고 느낌을 갖기는 어렵습니다. 많은 어린아이부터 청소년들이 이러지도 저러지도 못하고 시간만 허비합니다. 놀지도 못하고 공부도 못하는 것이지요.

그들은 공부에 많은 시간을 투자해 지식을 습득하지만 문제를 어떻게 해결하는지 생각해본 적이 없습니다. 그러니 걱정이 앞섭니다. 불안합니다. 집중은 안 되고 왜 그리 잘 잊어버리는지 왜 하는 만큼 성적은 오르지 않는지 너무도 답답합니다. 공부를 포기하면 마치 인생도 같이 포기하는 것처럼 느껴집니다. 주변에서도 아이를 그런 시각으로 바라봅니다.

내 능력이 무엇인지, 장점이 무엇인지, 뭘 잘하는지 잘 모릅니다. '이대로 어른이 되면 부모님만큼 먹고살 수 있을까'라고 생각하기도 합니다. 자신 없어 하는 자녀를 바라보며 부모는 자신들의 불안이 자기에게 전염된 것처럼 답답하기만 합니다. 이것들은 모두 아이들이 어려서부터 제대로 놀 줄 모르고 놀아본 적이 없어서 일어난 비극입니다.

그러면 정말 잘 노는 아이가 공부도 잘할까요? 결론부터 말하면 그렇습니다. 놀이는 공부의 적이 아니라, 공부를 돕는 존재입니다. 아무 생각 없이 놀다 보면 지식을 잘 이해할만한 언어가 발달합니다. 잘 놀다 보면 지식을 분류해 개념을 가지고 저장하며, 언제든

13

지 꺼낼 수 있고 다른 지식과 연결할 수 있는 능력이 생깁니다.

잘 놀다 보면 문제 해결력도 생깁니다. 놀이를 통해 부딪치는 여러 문제 상황을 해결해온 아이들은 현실에서도 문제를 만나면 두렵지만 일단 해결하려고 시도하는 모습을 보입니다. 불안하지만 자신의 상황을 책임질 수 있습니다. 놀이를 하다 보면 무엇을 해결해야 할지, 무엇이 중요한지 알게 됩니다. 그저 놀기만 하면 됩니다. 놀이를 통해 학습에 필요한 기본적인 능력을 충분히 갖추고도 행복하고 자유롭습니다. 그래서 충분히 놀도록 환경을 만들어줘야 합니다.

힘차게 잘 노는 아이는 초등학교 고학년에 되면 스스로 생각합니다. '아, 나도 공부해야지. 그래서 훌륭한 사람이 돼야지'라고. 어떤 공부든 상관없습니다. 이제부터 하는 공부는 자기의 존재를 드러내고 욕구를 이룰 공부가 될 겁니다. 잘 노는 아이가 공부를 잘할 수밖에 없습니다. 이미 학습에 필요한 능력을 노는 시간에 스스로 학습하고 전부 창고에 쌓아뒀기 때문입니다. 초등학교 고학년 때부터는 이제 그것들을 펼치기만 하면 됩니다.

잘 노는 아이가 공부도 잘한다고 감히 말씀드립니다. 놀이시간을 우선으로 만들어주는 일을 두려워할 필요가 없습니다. 한글을 굳이 익히지 않아도 환경에 노출돼 있으면, 최소한 정규 교과 과정에 있기만 하다면 습득하기 어렵지 않습니다. 지식을 외우는 일은 이제 쓸모가 없습니다. 연산을 반복하지만 결국 계산기를 사용합니다. 요즘 어린아이들도 인터넷 검색을 잘 이용하니 정보를 어떻게 꺼내 쓸 것인지만 알려주면 됩니다. 오히려 그 지식을 어떻게 활용하고 창의적인 생산물을 낼 수 있는지 관심을 가져야 합니다.

우리 아이들이 살아갈 미래 사회는 아이디어와 창의성, 공감, 타협과 같은 능력이 중시되는 사회입니다. 이 모든 것은 참으로 아이러니하게도 억지로 하는 공부에 있지 않고 놀이에 들어있습니다. 사회적 타협, 갈등 해결, 창의적인 생각들을 발휘하는 데 놀이만큼 잘 갖추고 있는 것은 없습니다. 아이는 놀이를 통해 두려움을 해소하고 문제를 해결하며, 더 나은 방법들을 제시합니다. 그리고 주도적인 힘을 갖게 되며 삶의 주체가 됩니다.

'우리 아이가 집중을 좀 잘했으면 좋겠어', '아이가 별일 아닌 것에 의연해졌으면 좋겠어. 세상을 어떻게 살지?'라는 생각이 들 때, "별거 아닌 거는 넘겨", "좀 집중할 수 없겠니?"라고 말하기보다 아이가 잘 놀고 있는지 확인해주십시오. 부모가 놀이 도구가 되어 함께 놀아주면 그보다 좋은 것은 없습니다.

추워서 못 나가고 동생 때문에 못 놀고 안전하지 않아서 안 되고 너무 공격적이어서 안 된다고 말하지 말고, 추워도 동생과 싸워도 조금 위험해도 아이들이 스스로 해결하며 놀도록 믿어주십시오. 아이들은 놀이를 통해서 배우고 해소하고 자기를 만들어 나가니까요.

아이들이 스스로 잘 놀지 못하는 것은 놀이가 재미없어서도 놀이가 어려워서도 아닙니다. 어른들이 아이들을 믿지 못하는 마음 때문입니다. 놀이는 아이에게 맡기면 저절로 이뤄지는 것입니다.

그저 갈 길을 정해놓고 발을 내디디고 움직이기만 하면 될 정도로 쉬운 것이 놀이입니다. 우리가 할 일은 의외로 별로 없습니다. '아이들이 느리니까', '더 좋은 방법으로 가르쳐야 하니까', '아직 어리니까'라는 이유로 놀이를 방해하지 말아주십시오.

최근 반려동물을 이해하고 더 잘 소통하기 위해 그들의 행동이나 몸짓을 자세히 관찰해서 문제를 찾아내는 프로그램이 인기를 끌기도 했습니다. 우리 아이들의 경우는 놀이를 보면 됩니다. 유치원과 학교를 다녀와서 무슨 일이 있었는지 궁금하고 또 속마음은 어떤지 궁금하다면 어떻게 노는 지 살펴봄으로 문제를 찾아낼 수 있습니다. 그만큼 놀이는 아이의 마음을 비치는 거울이라 할 수 있습니다.

부모님과 아이들이 조금이나마 아이와 함께 노는 시간이 즐겁고 편해졌으면 좋겠다는 마음으로 이 책을 씁니다. 아이의 마음을 이해할 통로로 활용되면 참 기쁠 것 같습니다. 또 아이의 놀이가 살아나 아이에게 자연스럽고 자유롭게 학습할 시간이 마련되는 데도 도움이 됐으면 좋겠습니다.

이 책의 이론적 기반을 제공해준 정신분석학자 최민식 교수님과 좋은 기회를 제공해주신 김자영 대표님, 출판에 도움을 주신 이수미 실장님께 진심으로 감사의 마음을 전합니다.

이미영, 유지수

PART
1

놀이를 보면
성적이 보인다

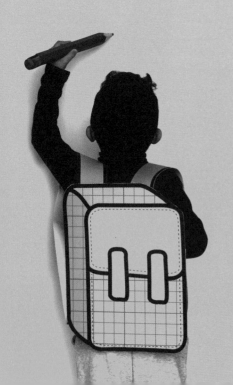

1

놀 줄 모르는 아이,
놀이가 어려운 부모

우리 시대 놀이의 실태

많은 분이 어린 시절에는 노는 게 최고라는 말씀을 하십니다. 아이를 키우는 부모님들도 마음 한구석엔 애들은 놀아야 한다는 생각을 가지고 계실 것입니다. 하지만 한번 곰곰이 생각해보십시오. 나는 과연 우리 아이가 마음껏 놀 수 있는 기회를 주는 부모인가 말입니다. 최근 나오는 통계 데이터들은 놀이에 대해 충격적인 실태를 이야기하고 있습니다.

만 4세 영유아의 생활시간 조사를 보면 하루 24시간 중 여가활동은 평균 2시간 34분, 이 가운데 놀이시간은 1시간 9분, TV 시청

시간은 1시간 6분인 것으로 조사됐습니다. 놀라운 건 평일 학습시간이 3시간에 육박한다는 것입니다. 또한, TV나 스마트폰 등 전자기기 노출시간 역시 하루 2시간을 넘어서고 있습니다. 놀이가 삶이 돼야 하는 아이들에게 하루 24시간 중 1시간은 삶을 살아가기에 너무도 부족한 시간입니다. 초등학생은 어떨까요? 다음은 우리나라 보통 초등학생 5학년 00의 하루입니다.

○○이의 하루

7:40 - 기상
8:30 - 등교
2:30 - 하교
4:00 - 방과후교실(요일에 따라 과목 다름)
5:00 - 영어학원
6:00 - 귀가
6:30 - 저녁 식사
7:00 - 수학학원
8:30 - 귀가 후 학교 및 학원 숙제
11:00 - 취침

위 일과는 다른 나라 이야기가 아닙니다. 아마 내 아이도 옆집의 아이도 이런 하루하루를 보내고 있을 것입니다. 놀아야 하는 유초등 시기라는 걸 이해하지 못하는 부모님은 없을 것입니다. 한창 뛰어놀고 친구들하고 노는 재미에 해가 지는 것도 몰라야 하는 시기지만 주변의 모든 아이가 학원에 다니는데 내 아이만 그냥 둘 수 없다는 학부모님들의 항변이 들리는 듯합니다. 또한 학원에 가지 않으면 친구를 만날 기회조차 없다는 것도 일반적 현실입니다. 이렇듯 사교육 시간이 늘어날수록 놀이시간은 부족해지고 아이들의 놀이 문화 자체가 형성되지 못하고 있습니다.

놀이도 학원에 가서 배워야 한다고 생각하시나요? 놀이는 배워서 익혀 나가는 과정이 아니라 경험의 산물입니다. 그러므로 놀이 문화 자체를 경험하지 못한 아이들은 놀이를 할 줄 모릅니다. 위의 실태에서 보는 것처럼 아이들은 여가를 TV나 미디어를 사용합니다. 우리 아이들은 이걸 노는 거로 생각하며 자라는 것입니다.

이렇듯 놀이를 할 수 있는 여가의 부재, 건강한 놀이 문화의 형성이 이뤄지지 못하는 현실이 아이들을 놀지 못하게 만들고 있습니다.

놀이에 대한 부모와 아이의 생각 차이

과연 놀이는 무엇일까요? 왜 TV를 보고 미디어를 사용해 노는 것은 놀이라고 하지 않는 것일까요? 꼭 밖에서 아이들끼리 뛰어놀아야지만 그것이 놀이일까요?

부모님들이 생각하는 놀이란 무엇인지에 대해 알아봤습니다. '재미있는 거, 놀면서 배우는 것, 하고 싶은 것을 하는 것, 어울려서 함께 무엇인가를 하는 것, 즐거운 것, 흥미 있는 것을 해보는 것, 만

23

족스러운 활동' 부모님들이 생각하는 놀이도 여기에 포함되시나요?

아이들은 놀이를 뭐라고 할까요? 아이들은 대부분이 '그냥 재미있는 것'이라고 합니다. 여기서 중요한 건 −그냥−이라는 단어입니다. 부모님들은 재미있는 것이라지만 그 재미 안에서 뭔가를 찾고 싶어 합니다. 재미있게 미술을 해서 그리는 기술이 늘었으면 좋겠다. 재미있게 운동을 해서 체육을 잘했으면 좋겠다. 재미있게 악기를 배워서 악기에 능숙해졌으면 좋겠다. 이렇게 말입니다. 하지만 아이들이 생각하는 놀이는 −그냥−입니다. 놀이 그 자체가 목적이 되는 것입니다. 놀이로 뭔가를 얻으려 하지 않습니다.

놀이의 중요한 특성 하나는 그것을 하는 그 자체가 완전한 만족을 주는 복적입니다. 우리에게 완전한 만족을 주는 행동은 누가 시키지 않아도 하게 됩니다. 그러면서 성취감을 느끼고 점점 발전하려고 노력도 합니다. '우리 아이가 그림에 관심을 자주 보여서 미술학원에 보냈어요. 그건 뭐 배우는 건 아니죠. 그냥 아이가 좋아해서 놀라고 보낸 거예요'라고 말씀하시는 부모님이 많으십니다. 대부분 아동기 때 예체능 학원에 보내는 분들이 이러한 말씀을 많이하시는 것 같습니다. 아이들은 자기가 좋아하는 피아노, 미술, 태권도 등 처음엔 즐거워하며 참여합니다. 하지만 얼마 지나지 않아 곧시들해지고 그만 다니고 싶어 하는 경우가 많습니다. 왜 그럴까요? 놀라고 보내줬는데 금방 시들해지다니 말입니다. 여기에서 우리는 놀이의 중요한 특성 하나를 놓쳤기 때문입니다. 놀이는 그것에 참여하는 사람이 자유롭게 선택할 수 있어야 하는 특성이 있습니다. 처음에는 아이가 재미있어서 시작한 피아노지만 피아노로 놀도록 강요받는다면, 혹은 은근히 압력을 받는다면 아이들은 그것을 결코 놀이라고 생각하지 않습니다. 이것과 관련해서는 다양한 실험 연구들이 있습니다. 유치원 교사가 아이들에게 어떤 놀이를 하도록 권유하면 아이들은 그것을 놀이라고 생각하지 않고 과제로 생각하는 경향이 나타난 것입니다. 같은 놀이일지라도 그것을 권유받느냐 스스로 선택해서 하느냐는 커다란 반응 차이를 나타내게 됩니다.

위에서 많은 부모님이 놀이는 즐거워야 한다고 말씀하셨습니다. 아주 정확하게 맞습니다. 놀이의 필수적인 특성 하나는 '즐거움'입니다. 요즘 남자아이들은 유치원 혹은 초등학교에 입학해 축구클럽에 참여하는 경우가 많습니다. 부모님은 그런 기회에 친구들하고 어울리고 놀아보라는 배려에서 입단을 시켜줍니다. 하지만 운동을 힘들어하는 아이의 경우 그것은 결코 놀이가 될 수 없습니다. 그 자체로 만족감을 얻을 수도 없습니다. 자기가 원해서 선택한 것도 아니고요. 무엇보다도 운동이 어려운 아이는 즐겁지도 않을 것입니다. 오히려 그 시간이 스트레스로 다가올 수도 있습니다.

놀이의 특성은 유연함입니다. 어린아이들을 키우시는 부모님의 경우, '아이와 한번 자연스럽게 놀아보세요'라고 주문했을 때 놀이감의 이름을 알려주거나 그 놀이감으로 어떻게 놀 수 있는지 알려주는 것을 많이 볼 수 있습니다. 놀이는 놀이를 하는 아이의 흥미에

25

맞춰져 상상과 현실의 왜곡이 빈번하게 나타납니다. 유치원 다니는 아이들의 경우 상징놀이가 나타납니다. 자기가 상상하는 대로 장난 감이 변하고, 새로운 역할들을 실험해보며 상상놀이가 진행되는 것입니다. 하지만 부모님이 장난감의 이름을 알려주고 갖고 노는 방법을 알려주면 아이는 알려준 장난감의 울타리 안에 갇히게 됩니다. 아이가 다양하게 노는 활동을 방해하는 셈입니다.

마음대로 놀이를 하는 아이들을 한번 보십시오. 누가 시키지 않아도 그렇게 열심일 수가 없습니다. 표정은 세상 진지하고 그 세계에 푹 빠져 버린 것 같은 모습입니다. 무관심하거나 억지로 하는 모습은 찾아볼 수가 없습니다. 적극적으로 참여하는 것 역시 놀이의 특성이기 때문입니다. 놀이의 이러한 특성을 보신 부모님들은 그냥 평소에 아이들이 하는 쓸데없는 짓들이 놀이인 건가 하는 의아한 생각이 드실 것입니다. 왜냐하면 부모님들이 생각하는 놀이는 놀이라는 매개체를 사용해서 아이가 공부도 하고 사회성도 발달시키는 수단이라고 생각하셨기 때문입니다.

놀이의 변화 – 옛날 놀이와 지금 놀이

예전에 놀았던 기억들을 떠올려 보십시오. 지금의 30~40대 부모님들이 한창 자라던 시기는 역사적으로 혼돈의 시기는 아니었습니다. 산업화가 진행됐고 나라는 기틀을 잡아가며 차츰 발전이라는 형태로 나아가던 시기였습니다. 주6일 근무하는 시대에 아버지는 집안의 기둥처럼 커다란 그림자처럼 서 계셨던 분이었고 집안의 대소사와 가정일의 전반을 책임지며 가정에 작은 도움이라도 되고자 부업을 하는 어머니들도 많던 그런 시대였습니다. 유명한 드라마 응답하라 시리즈를 보면서 예전의 향수를 느낄 수 있는 분들이 지금 아이들의 부모님들이 아닐까 생각됩니다.

추억의 놀이

이 글을 읽으시는 부모님은 그때 어떻게 자라셨나요? 사실 너무 어린 시절은 잘 기억이 나지 않을 수 있습니다. 하지만 초등학교 시절 공터에서, 골목골목에서 놀던 그 시절만큼은 또렷하게 기억나실 것입니다. 동네에서 모이는 사람은 나이 성별을 불문하고 친구가 됐고 그 아이들이 중심이 되어 놀이가 만들어졌습니다. '이렇게 해봐라. 저렇게 해봐라' 하는 부모님은 옆에 없었습니다. 놀이는 미숙하기도 하고 불합리하기도 하며 불공평했을 수도 있습니다. 아이들은 이러한 놀이 안에서 의견을 내고 조율하고 규칙을 만들어내며 놀이를 했습니다. 지금은 아이들의 놀이 중심에 부모님이 있습니다. 어떤 게 옳은지 그른지, 어떻게 놀아야 하는지 부모님들이 정해주고 아이들이 따릅니다. 그 안에서 아이들은 부모님들에게 주도권을 빼앗기고 평가받으며 놀이를 합니다. 정작 노는 사람은 아이들인데 말입니다. 놀이에 있어서 관리 감독은 예전엔 없던 놀이의 큰 변화입니다. 놀이 시설의 변화도 크게 달라졌습니다. 아파트 문화가 덜 자리 잡은 그 시대엔 동네에 놀이터 하나 또는 골목길, 집 앞, 공터가 놀이의 주 무대였습니다. 지금은 아이들이 놀 수 있는 상업적 시설이 엄청나게 늘어났습니다. 어린이 전용의 키즈카페나 운동시설들 말입니다. 주말마다 놀게 해주기 위해 부모님들은 돈을 내고 놀이를 하도록 해줍니다. 물론 그 안엔 항상 함께 놀던 익숙한 관계가 없고 영역별로 깔끔하게 정리된 고가의 무수한 장난감이 있을 뿐입니다. 흙과 돌멩이만 있어도 놀이를 만들어내던 아이들은 수십 개의 장난감이 있어도 놀이는 만들어내지 못한 채 장난감을 조작하고 작동하기만 합니다.

부모님들의 어린 시절에는 지금처럼 많은 장난감이 있지 않았습니다. 가끔 생일이나 어린이날, 크리스마스 같은 특별한 날에 장난감을 선물로 받았고 그것을 마치 귀한 보물처럼 마르고 닳도록 갖고 놀기도 했습니다. 흔한 놀이감으로는 종이로 만드는 '딱지, 구슬, 공기, 고무줄, 종이인형'들이었습니다. 미니카나 마론인형은 몇 개 없는 귀한 장난감이었습니다. 지금의 정형화된 장난감들은 아이들의 사고를 그 장난감 안에 가둬버렸습니다. 어떻게 놀이하는지 정해진 장난감은 아이들이 자기가 하고 싶은 진짜 놀이를 하지 못하게 만듭니다. 작동해보고 조작해보는 형태에서 멈추게 되는 것입니다. 아이들은 자유롭게 생각하고 놀이에 접목해보며 세상을 배워나갑니다. 아이들이 상상하고 이뤄나가는 놀이 세상이 작은 장난감 안에 갇히면 안 될 일입니다. 요즈음 아이들의 놀이 세상은 비단 플라스틱 장난감뿐만은 아닙니다. 손안에 들어오는 작은 네모난 세상에 아이들이 갇혀 지내기도 합니다.

부모님들의 머릿속에 떠오르는 그 물건이 맞습니다. 휴대폰과 인터넷의 결합은 세기의 혁명과 같은 것이었습니다. 전 세계가 하나로 다 연결돼 있고 원할 때는 언제든 접근할 수 있으며 찾고 싶은 정보는 몇 번의 터치만으로도 수많은 것들을 쏟아냅니다. 이 작은 세상은 아이들에게도 거대한 영향력을 행사하기 시작했습니다. 수많은 게임과 SNS를 통한 접촉은 부모님들이 어린 시절 몸을 움직이고 사람하고 부딪히며 놀던 놀이와는 정반대의 놀이 문화를 만들어냈습니다. 미디어와 관련한 연구는 지금도 한창 진행 중입니다. 대부분 공통된 연구 결과는 미디어 사용의 놀이시간이 증가할수록 우울, 불안, 주의집중 문제, 공격성 문제 등이 발생한다는 것입니다. 해외에서는 이미 미디어 놀이의 부작용을 인식해 아이들의 사용에 있어 가정에서는 물론 학교, 정부 차원에서의 규제도 하고 있습니다.

　아이들이 이처럼 장난감으로 놀이하고 미디어로 놀이하는 가운데 사람과의 직접적 접촉의 횟수는 차츰 감소하고 있습니다. 가족도 핵가족화돼 조부모는 물론 이모, 고모, 삼촌 등과 만나는 횟수도 감소했고, 동네의 친구, 언니, 누나, 형, 오빠들과 어울리는 일도 어려워졌습니다. 현실이 이러다 보니 위에서 아래로 자연스럽게 흐르던 놀이의 맥이 끊어져 버린 것입니다. 사방치기, 땅따먹기, 말뚝박기, 다방구 등이 모두 그러합니다. 다만 '무궁화 꽃이 피었습니다, 술래잡기' 정도가 간신히 명맥을 유지하고 있습니다. 놀이는 아이들의 자연스러운 욕구인데 이처럼 놀이를 배울 수 있는 여건이 마련되지 않다 보니 아이들은 유튜브에서 놀이를 배우기 시작했습니다. 엄밀히 말하면 그건 놀이를 배우는 건 아닙니다. 장난감을 소개하는 유튜버를 보고 그 장난감을 사서 자기도 그 유튜버처럼 놀고 싶은 욕구를 표현할 뿐입니다. 자기의 생각과 감정과 욕구가 빠진 채 유튜버가 알려준 놀이를 그대로 조작하고 모방하는 건 진정한 놀이는 아닙니다.

　요즘 아이들이 놀지 못하는 이유로 시간의 부족이 있습니다. 공립교육 시간은 감소했는데 사교육 시간의 증가로 아이들의 놀이는 연계성을 잃어버렸습니다. 아이들은 학원과 학원의 연결 사이에서 짬짬이 나는 시간을 놀이시간이라고 합니다. 예전에는 사교육 자체가 그리 활성화돼 있지 않았을 뿐 아니라 유아 사교육은 더더욱 생각하기 어려웠습니다. 초등학생의 사교육도 방과 후에 예체능 하나 정도가 보편적이었습니다. 사교육의 나이는 해가 거듭될수록 점점 내려가는 게 눈으로 보일 정도로 빠르게 움직이고 있습니다. 유아영어, 유아미술, 유아체육 등 유아들을 대상으로 하는 사교육이 성행하고 있습니다. 아이들이 유치원이나 어린이집에서 하원 후엔 이러한 사교육으로 연계성을 가진 놀이 진행이 어려운 실정입니다. 잠깐잠깐 노는 놀이와 연계성을 가지는 놀이는 놀이의 질과 깊이가 완전하게 다릅니다. 시간이 부족한 상황에서 노는 놀이는 단지 흥미 위주 보상적 차원이 큽니다. 그 놀이 안에서는 어려움을 헤치고 해결해 나가며 새로운 것을 알아내는 과정까지 해내기엔 시간도 부족하고 마음도 너무 급합니다. 학원 중간중간 친구들하고 잠깐 놀아도 놀다가 보면 서로 놀고 싶은 게 다른 의견 차이를 보일 수도 있습니다. 시간이 있으면 충분히 싸우고 논쟁하며 합의를 이끌어 놀 수 있습니다. 하지만 부족한 시간 중에 이러한 문제에 봉착하게 되면 서로 자기의 주장만 내세우다가 하나도 놀지 못한 채 학원으로 향하거나 빨리 놀아야 하기에 의견이 다른 사람을 배제하고 놀 수밖에 없습니다. 짬짬이 놀이는 아이들로부터 문제 해결 능력을 키우지 못하게 하고 다름을 인정하지 못해 왕따 문제로까지 이어질 수 있습니다.

최근엔 부모님들이 놀이의 중요성을 인식하고 놀이모임의 형태로 아이들의 놀이를 이어갈 수 있게 하는 노력도 나타나고 있습니다. 놀이터를 지나가다가 우연히 친구를 만나서 놀이를 하거나 골목골목 아이들이 노는 모습이 자연스러워 언제든 나가기만 하면 놀 수 있었던 그 시절이 아니기 때문입니다. 이러한 놀이모임은 시간도 맞추고 구성원도 맞추고 하물며 놀이할 것도 정해져 있는 부자연스러운 형식을 띠고는 있지만 이렇게라도 놀이의 중요성을 인식하고 놀이를 할 기회를 만들어주는 것은 매우 고무적인 변화입니다. 많은 것이 정해져 있지만 우리의 놀라운 아이들은 이 안에서도 많은 것을 발견하고 많은 것을 해내며 많은 것을 이뤄나갈 수 있기 때문입니다.

아이가 이런 말을 많이 한다면 놀이 부족

모든 사람은 자기만의 언어로 자신을 표현하고자 합니다. 말로 행동으로 글로 노래로 그림으로…. 표현할 수 있는 모든 수단이 결국은 하고 싶은 말이 되는 것입니다. 아이들은 놀이 안에서 표현하고자 하는 많은 이야기를 드러냅니다. 평상시 아이가 자주 하는 말이 있다면 그것도 마음의 표현을 지속해서 드러내고자 하는 노력입니다.

놀이가 부족한 아이들은 자신의 욕구를 해소하지 못해 욕구불만에 가득 차 있습니다. 바람이 빵빵하게 들어간 풍선을 한번 생각해보십시오. 약간의 바람을 더 불면 터질 것이고 그 바람을 살짝 빼서 풍선이 유연해진다면 다른 바람을 불어 넣어줄 수 있습니다. 내 아이가 부정적 정서의 언어를 많이 사용한다면 그 바람을 빼줄 놀이가 필요한 상태입니다.

아이가 '심심해'라는 말을 달고 살진 않나요? 열정과 의욕을 가지고 뭔가를 하고 싶은데 상황과 여건이 따라주지 않아 답답하다는 뜻입니다. 아이는 놀면서 세상을 창조하고 아이들과 협력하며 규칙을 만들고 계획을 세워나갑니다. 이런 일련의 과정들은 엄청난 에너지가 필요합니다. 이러한 창조적 에너지를 사용해야 하는 아이들이 주어진 과제만을 해야 하니 얼마나 답답하겠습니까. 종일 바쁜 일정 안에서도 심심하다는 말을 자주 한다면 그건 놀이 부족이라는 뜻입니다.

　매사에 아이가 짜증스럽진 않나요? 말투는 물론이고 행동도 퉁 퉁거리는 그러한 상태 말입니다. 뭔가 꽉 눌린 욕구가 발산되지 않 아 감정의 통로가 막혀버린 상태입니다. 놀이를 통해 감정의 통로 를 열어줘야 다른 감정들도 느끼고 표현하며 성장할 수 있습니다.

　놀이가 부족한 아이들은 자기중심적으로 생각하지만 책임은 타 인 탓으로 돌리는 경향이 있습니다. 다른 사람의 생각을 받아들이지 못하고 자기가 생각한 대로 하고 싶은 마음을 드러내지만 '아무도 나 랑 안 놀아줘', '누가 나랑 놀아줬으면 좋겠어', '네가 먼저 그랬잖아' 처럼 타인이 자신을 이끌어주길 원하고 책임을 타인에게 돌립니다. 다른 사람과 놀이를 하다 보면 자기 생각대로 되지 않는 경우가 부지 기수입니다. 내 생각과 다른 사람의 생각이 다르기 때문에 놀이를 위 해서는 그것을 일치시켜 나가는 과정이 필요합니다. 그 과정은 다툼 이 될 수도 있고 논쟁이 될 수도 있습니다. 이런 격렬한 과정을 거친 후엔 하나의 대안이 마련됩니다. 하지만 놀이가 부족한 친구들은 이 러한 격렬한 경험을 할 기회가 적습니다. 아이의 놀이를 감독하시는 부모님들도 이러한 내 아이가 격렬한 과정을 경험하는 걸 원치 않습 니다. '이렇게 싸울 거면 그만 놀아'라는 말로 놀이가 마무리돼 버리 는 경우가 많습니다. 아이는 내 맘대로 하고 싶었던 순간에 그러지 못해 욕구에 불만이 가득 차 있을 것이고 해결하지 못했기 때문에 자 신을 따라주지 않은 친구 탓을 하며 놀이가 중단된 것입니다. 이러한 상황의 누적으로 아이는 놀이 부족 상태에 이르게 됩니다.

아이가 할 수 있을 것 같은데 못한다고 자신감 없는 모습을 자주 보이나요? 이것 또한 놀이의 부족이 원인입니다. '나 이거 못해', '너무 어려워', '나는 원래 못해' 이런 말을 아이에게서 들으면 많이 속상하실 것입니다. 세상의 중심이 될 아이가 벌써 못한다고 자신감 없어 하면 어쩌나 생각이 드시지요. 그래서 아이에게 격려해주기 위해 '아니야, 넌 할 수 있어'라면서 북돋는 말씀을 해주실 것입니다. 아이가 이 말을 듣고 힘이 나서 어려운 일을 해낼 수 있을까요?

아이들의 놀이는 무척 쉬워 보이지만 그 과정은 어려움을 해결해 나가는 단계입니다. 어린아이가 소꿉놀이를 위해 접시에 음식을 담습니다. 작은 그릇에 음식을 담으려고 하니 잘 안 들어갑니다. 아이는 이런저런 음식들을 넣어보고 그릇도 이것저것 바꿔 봅니다. 그러면서 자연스럽게 크기라는 개념을 이해하고 소꿉놀이를 즐겁게 할 수 있습니다. 밥상을 차리는 소꿉놀이가 원활하게 이뤄지기까지 아이는 그릇도 수십 번 바꾸고 음식도 바꿔가며 많은 시행착오를 겪습니다. 누가 옆에서 계속 다시 해보라고 하지 않아도 여러 시행착오를 반복합니다. 지켜보는 부모님이 '이게 적당하겠다'라면서 정해주지 않는다면 말입니다. 이런 일련의 과정은 아이가 감당하기에는 많은 시련과 어려움을 주는 작업일 수 있습니다. 그런데도 아이는 포기하지 않고 해냅니다. 딱 맞는 그릇을 찾아내고 나서 아이는 '내가 해냈구나'라는 감정을 느낍니다. 어린 시절에 놀면서 이러한 성취감을 많이 느낀 아이는 후에 자신이 해내야 하는 어떠한 일도 해낼 수 있습니다. 누적된 자기 자신에 대한 확신이 미래를 만들 수 있습니다.

아이들과 놀이를 하다 보면 경쟁의 요소가 들어가 있는 것들이 있습니다. 비단 게임뿐만이 아니라 '누가 먼저 달리나, 누가 빨리 해내나' 이런 것들입니다. 아이들은 경쟁에서 승리하기 위해 최선을 다합니다. 부모님들은 아이들이 승리의 기쁨을 누릴 수 있도록 져주기도 합니다. 때로는 아이에게 자꾸 져주면 나중에 지는 것을 받아들이지 못한다며 공평한 게임을 하기도 합니다. 아이가 경쟁이나 게임에서 승리하지 못할 때 어떤 반응을 보이나요? 울며불며 다시 하자고 할 수도 있습니다. 이길 때까지 하려고 애쓸 수도 있습니다. 때로는 이기고 진 것에 연연하지 않고 다시 즐겁게 놀이할 수도 있습니다.

많이 놀아 본 아이는 경쟁에서 이기고 지는 일이 큰일이 아니라는 걸 압니다. 이길 수도 있고 질 수도 있다는 걸 압니다. 하지만 놀아보지 못한 아이들은 그저 놀이일 뿐인 그런 경쟁이 자기에겐 모든 걸 걸어야 할 만큼 중요한 일입니다. 아이가 경쟁에서 지는 것을 받아들이지 못한다면 더 많이 놀도록 해주십시오. 놀이에서는 단지 이기고 지는 일이지만 세상을 살아가면서 겪는 무수한 일들은 자신의 삶입니다. 놀이에서의 많은 경험은 앞으로 삶에서 일어날 수 있는 많은 일에 대해 유연함을 안겨줄 것입니다.

놀이가 부족한 아이들의 가장 큰 특징 중 하나는 자기 조절의 어려움입니다. 놀이는 대부분 협업을 기본으로 합니다. 내 뜻대로 할 수 없습니다. 아이들은 이걸 경험으로 체득합니다. 규칙이 있는 놀이라면 순서와 규칙을 지켜야 합니다. 역할놀이나 가상놀이처럼 상호 작용해야 하는 놀이는 상대의 역할과 나의 역할을 고려해서 가상의 세계를 만들어 가야 합니다. 이렇듯 내 중심의 놀이보다 상대의 생각과 마음을 읽고 함께 해야 합니다. 하지만 놀이를 많이 해보지 않은 아이들은 자기에게서 떠오른 갑작스러운 생각을 따르라고 하기도 하고 규칙을 마음대로 바꿔가며 놀이할 수도 있습니다. 친구들이 그 의견을 존중해주고 따라주면 다행히 놀이는 이뤄질 수 있습니다. 이러한 상황이 반복된다면 친구들이 놀이를 꺼릴 수 있습니다. 놀이를 통해 나의 욕구를 조절하는 것을 터득합니다. 어린 아이일수록 충동조절이 어렵습니다. 이제 막 놀이를 시작한 아이들이기 때문입니다. 부모님과 친구들과 놀면서 아이들은 위의 과정을 경험하고 조절이라는 것을 하게 되는 것입니다.

2

잘 노는 아이가
왜 공부를 잘할까

공부 잘하는 아이의 특징은 무엇일까요? 과거에는 지능이 학습에 미치는 영향력이 가장 높은 줄 알았습니다. 하지만 최근에는 지능 이외에도 자존감, 사회성, 몰입력 등 학업에 영향을 미치는 많은 요소가 발견되고 있습니다. 재미있는 사실은 학습에 미치는 이 많은 요소가 잘 놀기만 해도 충분히 발달한다는 것입니다.

안정되고 편안한 마음으로 공부해요 – 애착

　요즘 아이 키우시는 부모님들은 다들 애착이 중요하다는 걸 알고 계십니다. 애착은 무엇일까요? 사전적 의미로는 부모와 같은 양육자나 특별한 사회적 대상과 형성하는 친밀한 정서적 관계를 이야기합니다. 애착의 뿌리에는 정서라는 것이 기반이 되는 것입니다. 부모 또는 양육자와 아이 사이에 있는 특별한 유대감이 바로 그것입니다. 애착의 유형은 크게 안정된 애착과 불안정 애착으로 나뉘며 불안정 애착은 저항, 회피, 혼란 세 가지로 나뉩니다. 여기에서 우리가 아이들의 학습과 관련해서 주목해볼 것은 바로 안정 애착입니다.

　세상에 태어나 우는 것 말고는 아무것도 할 수 없는 아기가 양육자에게 의지하며 살아갑니다. 그 양육자가 아기의 욕구를 잘 알아채서 잘 먹이고 잘 재우고 기저귀를 잘 갈아주고 보듬어 만져주는 행동을 한다면 생물학적인 욕구가 충족되고 안정된 애착을 이루게 됩니다. 아기가 좀 성장한 후엔 정서적 표현이 나타납니다. 울고 웃고 짜증 내고 행복해하고. 아이는 성인이 나타내는 많은 감정을 모두 표현할 수 있습니다. 이때도 양육자가 정서적 표현과 욕구에 적절하게 응답해준다면 아이는 자기의 정서를 인식하고 진정할 기회를 갖게 됩니다. 정서의 표현과 이완을 안정적으로 경험하며 후엔 애착 대상인 부모가 없이도 스스로 정서를 조절할 힘을 갖게 됩니다. 이것이 바로 정서적인 부분의 애착입니다.

심리학 실험을 통해 알아본 안정 애착 유형의 유아는 양육자와 함께 있을 때 탐색 행동이 많은 편입니다. 이 유아들은 양육자가 갑자기 방을 나가는 실험을 했을 때 불안감을 나타냅니다. 방을 두리번거리고 부모를 찾으며 하던 놀이를 중단합니다. 그리고 다시 양육자가 돌아오면 마치 어디 갔다가 지금 왔냐는 듯이 부모에게 안겨 정서적 안정을 추구합니다. 다시금 놀이할 수 있는 안정감을 찾고 놀이를 지속할 수 있습니다.

정서적으로 안정된 아이들은 어린 시절 호기심과 세상에 대한 신비로움으로 많은 놀이를 합니다. 대부분의 연구에서 과반수 아이가 이 안정 애착에 해당한다고 합니다. 이런 애착의 기반은 유아기에 형성이 됩니다. 부모님의 양육 태도와 아이의 기질, 가족의 문화 등 다양한 요소가 애착의 변수가 되기도 합니다. 만3세 이전의 민감한 양육이 중요하다는 건 이러한 애착의 기반이 되기 때문입니다. 하지만 3세 이후라고 해서 그것이 중요하지 않은 것은 아닙니다. 3세 이후에 아이는 부모님의 감정이나 동기를 이해합니다. 그러면서 부모님에 대한 애착 행동에 스스로 변화를 나타낼 수 있습니다. 예를 들면 집안일에 바쁜 엄마를 보면서 자기가 원하는 요구를 잠시 미뤄두며 기다릴 수 있는 것이 그렇습니다. 인지적 발달과 함께 애착은 더욱 유연해집니다.

미국 하버드대의 한 박사는 '안정적인 애착은 인류가 고안한 최고의 정신건강 예방제다'라고 이야기했습니다. 그 어떤 예방주사보다 큰 효과를 나타낼 수 있는 요소가 바로 애착입니다. 많은 연구에서 안정된 애착을 가진 아이들의 심리적 적응에 대해 보고하고 있습니다. 또래 관계에서의 유능함, 공격 행동의 제한, 이성 친구와의 관계, 학업 성적 등 안정 애착은 아이의 성장에 가장 기반이라고 볼 수 있습니다. 우리나라의 연구에서도 초중등 아이들을 대상으로 부모님과의 애착 정도에 따라 학업 성적과 리더십, 생활기술, 또래 관계에 대해서 연구한 결과가 있습니다. 학령기의 아이들을 폭넓게 조사한 연구입니다. 결과는 여러분이 예상하는 바로 그대로입니다.

애착이 학업 성적과 관련해 어떤 긍정적 요소가 될 수 있을까요? 애착이 안정적으로 이뤄진 아이는 주변에 많은 호기심을 가지고 탐구할 수 있는 여유가 있습니다. 불안정 애착의 아이들은 양육자가 안전한 기지의 역할을 못 해준다고 생각하기 때문에 주변에 호기심을 가질 여력이 없습니다. 언제 부모가 떠날지 모르고 어떻게 될지 모른다는 불안감 때문입니다. 이것은 후에 인간관계에 대한 두려움으로 나타납니다. 감정적으로도 불안정하며 친밀한 누군가가 떠나갈까 봐 전전긍긍합니다. 만성적으로는 불안과 우울을 안고 있습니다. 이 때문에 의학적인 원인이 없는 두통, 복통, 소화장애, 수면장애 들이 나타나기도 합니다. '아니요', '싫어요', '몰라요'라는 말을 주된 언어로 사용하며 청소년 시기에 건강하지 않은 그룹에 소속감 추구를 위해서 편입될 수도 있습니다. 이렇게 성장한다면 비밀이 많아지는 것도 당연해집니다. 불안정 애착을 형성한 아이의 어려움을 보니 어떤 생각이 드시나요? 이런 상황에서 아이가 세상의 어떤 것에 흥미를 느끼고 적극적으로 알아가고자 하는 노력을 할 수 있을까요? 세상은 아이에게 시련과 어려움의 공간인데 말입니다.

반면에 안정 애착의 아이들은 탐구 정신이 우수하고 긍정적으로 세상을 인식하며 자유롭게 탐구합니다. 이는 자신의 중요한 애착 대상이 안정적이라고 느낀 만큼 세상도 안정적이라고 느끼기 때문입니다. 애착 대상 자체가 세상을 보는 거울이 돼주는 것입니다. 아이에게 거대한 뿌리가 단단하게 박혀 있는 상태라고 생각하시면 됩니다. 커다란 자연재해 속에서도 뿌리가 깊은 나무는 뽑히지 않습니다. 손상이 올지라도 뿌리가 튼튼하기 때문에 회복할 수 있습니다. 이러한 아이들은 세상이 긍정적이고 호기심 가득한 신비로운 곳입니다. 때론 어려움을 겪기도 하지만 그 어려움은 다시 마음을 추스르면 다시 일어설 수 있는 원동력이 되기도 합니다. 이러한 아이들은 유치원이나 학교에서 쉽게 눈에 띕니다. 무엇을 하던 자신 있게 도전하며 타인에 대해 밝고 긍정적이라서 친구도 많습니다. 자신이 도전한 일에 성취하는 일이 많아 스스로 자랑스럽게 느끼고 이는 바로 학업 성적으로 나타납니다.

학습은 머리 좋은 아이가 하는 단순한 활동이 아닙니다. 애착 형성이 잘 된 아이가 잘 놀 수 있고 그것이 바로 학습과 연관돼있는 서로 연결된 활동입니다.

나는 괜찮은 사람이에요 - 자존감

한동안 우리나라에 아이의 자존감에 대해서 선풍적인 관심이 일었습니다. ○방송사에서 방영한 다큐멘터리와 자존감과 관련된 도서는 '내 아이의 자존감이 높아야 한다'라는 명제를 가져왔습니다. 자존감은 말 그대로 자기 자신을 사랑하고 존중하는 마음입니다. 스스로 가치 있는 존재로 생각합니다. 그래서 살면서 어려움을 겪더라도 자신의 능력을 믿고 해결해 나갈 수 있다는 자기확신이 있는 상태입니다. 이는 학벌이 높다거나 재산이 많다거나 하는 등의 객관적인 지표로 나타나지 않습니다. 자존감은 자기를 생각하는 지극히 주관적인 느낌입니다. 자기가 원하는 목표를 이루지 못할 때 사람은 부끄러움과 수치심을 느낍니다. 이런 자신의 모습도 인정하고 받아들이는 모습이 바로 자존감이 높은 아이의 모습입니다. 자존감이 낮은 아이들은 창피한 자신을 받아들이지 못합니다. 혹시 우리 아이도 다음과 같은 모습을 보이는지 살펴주십시오.

중단 하던 일이 잘되지 않을 때 그것을 계속 해보려 하지 않습니다. 계속해도 안 될 것 같은 두려움이 저변에 깔려 있는 것입니다. 노력도 하지 않고 그냥 멈춰 버리게 됩니다.

회피 은근슬쩍 피해버립니다. 다음에 유사한 상황이 벌어질 때 아예 시도조차 해보지 않습니다.

속이기 시험에서의 부정행위와 같은 행동입니다. 수단을 가리지 않고 목표를 달성하려고 자신과 타인을 속이면서까지 그것을 해내려고 하는 모습입니다.

익살부리기 아이는 실패하면 속상하고 좌절감을 느낍니다. 이러한 모습을 드러내면 자신이 패배한 것 같은 생각이 들어 오히려 더욱 과장되게 아무렇지 않은 듯 장난을 치며 그 상황을 넘어갑니다.

지배 자존감이 약한 아이들은 자신이 강하고 싶다는 욕구가 매우 강합니다. 그것을 위해서 아이들에게 힘을 과시하고 군림하기도 합니다.

합리화 남 탓하는 경향을 말합니다. 어떤 일이건 나 때문이 아니라 다른 어떠한 요인 때문이라는 변명을 하면서 책임을 모면하려 합니다.

약점이나 단점에 초점 자신의 장점이나 긍정적인 면보다 못하는 것 어려운 것에 초점을 맞춰 어떤 일에든 의욕이 없고 할 수 없다는 생각이 지배적입니다.

타인의 능력에 대한 맹신 자기의 능력을 낮게 보지만 타인의 능력은 기준 이상으로 높게 평가하는 경향이 있습니다. 상대적으로 자신이 더욱 위축되는 결과를 가져오게 됩니다.

타인 반응에 민감 자신에 대한 주관적인 기준이 없다 보니 주변에서 하는 말 한 마디 한 마디에 신경을 쓰게 됩니다. 엄마가 오늘 나한테 어떤 이야기를 했는지, 친구가 나에게 어떤 이야기를 했는지 모두 자기의 가치를 판단하는 기준이 되는 것입니다.

우리는 때로는 자존감과 자존심을 헷갈리기도 합니다. 타인과의 경쟁 속에서 자기가 우월한 사람이라고 느끼는 것은 자존감이 아니라 자존심입니다. 차이가 느껴지시나요? 많은 부모님이 이 자존감과 자존심을 혼동해 다른 아이보다 내 아이가 잘해야만 자존감이 생긴다고 생각하십니다. 하지만 자존감은 경쟁에 휩쓸리지 않고 자기 자신을 있는 그대로 받아들여 믿는 내적인 힘입니다.

이러한 자존감은 어떻게 형성될까요? 2016년 미국에서 이뤄진 자존감에 관한 연구를 보면 아이들의 어린 시절이 얼마나 중요한지를 알 수 있습니다. 자존감은 인생 전반에 걸쳐 일정하게 유지되며 이처럼 중요한 성격특성이 학교에 들어가기도 전에 이미 형성된다는 연구 결과는 아이들의 어린 시절이 평생의 자양분이 된다는 사실을 여실히 보여줍니다.

어린 시절에 갖게 되는 자존감은 우리 자신에 대해 긍정적 혹은 부정적으로 느끼는 감정이 근본적이라는 사실을 보여줍니다. 이러한 사회적 가치관은 학교에서 발달한다기보다는 학교로 '가져가는' 것이라고 주장하고 있습니다.

자존감은 어린 시절의 사회적인 관계 안에서 형성됩니다. 아이가 처음으로 만나는 사회적인 대상, 즉 부모님이 아이를 어떻게 봐주는지에 따라 자신의 가치에 대한 생각이 자리 잡게 되는 것입니다. 아이는 자신의 발달 욕구에 따라 자연스럽게 놀고 부모님은 그 흐름을 맞춰줄 때 자존감이라는 것이 싹트고 쑥쑥 커나갈 수 있습니다.

아이의 놀이에서 어떻게 자존감이 싹트는지 볼까요?

놀이의 주인공 만들어주기

놀이에서는 아이가 주인공이고 부모님은 보조 역할입니다. 아이가 하고 싶은 것 원하는 것을 하는 게 놀이입니다. 하지만 아이의 놀이를 보면 왠지 똑같은 것만 하는 것 같고 너무 단순해 보이기도 합니다. 여기서 적극적인 부모님들은 개입을 통해 다른 놀이를 알려주려 애씁니다. 친절한 목소리로 '우리 이거 해볼까?' 권유하지만 결국은 '자, 엄마가 하는 대로 해봐'가 되는 것입니다. 이때 놀이의 주인공은 아이가 아니라 엄마로 바뀌게 됩니다. 아이는 놀이 안에서 주인공으로 뭐든 주도적으로 해나가고 싶었으나 엄마의 뜻에 따라야 하는 힘 없는 존재가 돼버린 것입니다. 놀이 안에서 자신의 힘을 펼치고 뭐든 해보는 경험을 해야 아이의 자존감은 커나갈 수 있습니다.

존중하기

부모님의 시선으로 봤을 때 아이는 약하고 미흡한 존재입니다.

항상 부모님의 돌봄이 필요하고 도움을 줘야 하는 존재라고 생각하실 것입니다. 아이라서 때로는 도움이 필요하고 키워나가야 하는 건 사실입니다. 스스로 할 수 있는 것은 존중해주고 도움으로 성장할 수 있도록 이끄는 것이 부모의 역할입니다.

많은 부모님이 이런 말씀을 하십니다. "나도 사람인지라 애가 말을 안 들을 때 계속 참을 수가 없어 소리를 지르게 돼요." 네, 맞습니다. 엄마도 사람인지라 그러합니다. 반대로 아이도 사람인지라 자기 생각이 있습니다. 뭔가가 갖고 싶은 마음, 좀 더 놀고 싶은 마음, 어린이집에 가고 싶지 않은 마음, 밥 먹기 싫은 마음, 잠자기 싫고 좀 더 놀고 싶은 마음…. 무수히 많습니다. 이러한 것들이 엄마 말을 안 들으려는 모습이 아니라 자기의 의사를 표현하고자 하는 마음입니다. 우리도 원하는 욕구나 내 의사를 표현하지만 그것이 받아들여질 때도 있고 받아들여지지 않을 때도 있습니다. 아이가 그러한 마음이 있다는 걸 존중해주는 것이 그 욕구를 들어주고 들어주지 않고를 판단하기 전에 선행돼야 합니다.

아이는 설사 욕구를 들어주지 않았더라도 내가 하고자 하는 말이 무엇인지 알아주는 엄마가 있다는 사실만으로도 자존감에 긍정적 영향을 줍니다. 이렇게 존중의 경험이 누적된 아이는 자기 자신이 가치 있고 의미 있는 존재라고 생각됩니다. 맨날 "너처럼 말 안 듣는 애가 어딨니!", "엄마 말 잘 들어야지!"라는 이야기를 들으며 자라는 아이는 자기에 대한 어떤 가치관을 갖게 될까요? '난 말썽꾸러기구나', '난 엄마 말도 안 듣는 나쁜 아이구나'라는 생각을 갖게 됩니다. 일상생활 중에는 아이의 욕구를 존중해주기 어려울 때가 많습니다. 시간에 쫓기고 해야 할 일에 쫓기면서 마음에 여유가 없어서 아이가 무조건 따라와 주길 원합니다.

　놀이는 부모님이 아이를 존중해줄 수 있는 최적의 가치 있는 활동입니다. 아이와 놀이를 할 땐 놀이에 집중하며 아이가 표현하는 욕구를 알아차리고 존중해주는 것입니다. 놀이 안에서는 다소 엉뚱하고 말도 안 되는 욕구를 나타내도 괜찮습니다. 단지 놀이일 뿐이기 때문입니다. 놀이 안에서 많은 존중을 받은 아이는 자존감의 향상은 물론 이 자존감을 학교로 가져가 많은 성취를 이룰 수 있습니다.

시선 맞추기

　요즘은 아이들뿐만 아니라 부모님들도 스마트폰에 대해 과몰입 경향이 높아지고 있습니다. 놀이하다 보면 어김없이 메시지도 오고 전화도 오고 불현듯 떠오른 생각을 검색해야 하는 상황이 발생합니다. 자기에게 집중하지 않는 사람에게서 아이는 어떤 마음을 느낄까요? '내가 그리 가치 있는 사람이 아니구나', '나보다는 다른 일이 우선이구나'라는 생각이 들 것입니다. 아이하고 놀이하는 중엔 잠시 휴대폰을 무음으로 바꿔주십시오. 아이와 눈을 맞추고 놀이에 집중하다 보면 아이는 그 눈빛 속에서 자신이 세상에 가장 소중한 사람이라는 것을 알 수 있을 것입니다.

질문

아이와 놀이를 하다 보면 무얼 만든 건지, 무얼 그린 건지, 이건 무슨 놀이인지 알 수 없을 때가 많습니다. 부모님들은 더 이해하고 싶은 마음에 많은 질문을 던집니다. "이건 뭐야?", "아까 밥 먹는 놀이한다고 했는데 왜 거기로 갔어?", "왜 그렇게 했어?"라고 말입니다.

부모님들께 여쭤 보고 싶습니다. 누군가와 만났는데 계속 질문을 받는다고 상상해보십시오. 어떤 기분일까요? 왠지 취조받는 느낌도 나고 뭔가 잘못됐나 하면서 위축된 느낌도 드실 것입니다. 목적이 없는 아이들의 놀이에 목적을 찾고자 계속 질문을 던지면 아이는 놀이가 뭔가 잘못됐나 느끼며 그 놀이를 몰입해서 지속하기 어려울 것입니다.

아이는 나름대로 세계를 쌓아가는 중입니다. 논리적으로 맞지 않아도 그냥 하는 그 행동 하나하나를 주목해주면 아이는 편안하게 놀이하면서 자존감을 높여 나갈 수 있습니다.

칭찬

고래도 춤추게 하는 칭찬을 아이에게 한다면 아이의 자존감이 무척 높아집니다. 하지만 아이의 기를 살려준다고 하는 행동 하나하나를 칭찬으로 마무리했을 때는 오히려 부작용이 클 수 있습니다. 아이들도 자신이 하는 행동이 기특하고 칭찬받을 만한 행동인지 원래 맨날 하던 평범한 행동인지를 구별할 수 있습니다. 별다른 일도 아닌데 지속적으로 칭찬을 받게 되면 아이는 칭찬 중독이 되어버립니다. 오히려 칭찬이 없을 때 이상하다 느낄 것입니다. 칭찬은 칭찬 받을 만한 가치가 있는 행동이 일어났을 때 해주면 됩니다.

아이가 한 노력과 발전해 나가는 모습에 대해서 알아주는 것이 가장 효과적인 칭찬입니다. 엄마말을 잘 들어서 착하다거나 시험을 잘 봐서 잘했다거나 하는 것은 가치에 대한 평가적 요소가 들어가 아이가 조건적 사랑에 대해서 반응할 가능성이 높아지기 때문입니다.

속상하고 화가 나지만 견딜 수 있어요
– 자기 조절력

아이들이 놀이하다 보면 마음대로 안 되는 경우가 참 많습니다.

'높이 있는 물건을 꺼낼 때
'무거운 물건을 옮겨야 할 때
'엉성하게 맞춰놓은 블록이 자꾸 무너질 때
'크기가 맞지 않는 통에 무언가 넣으려고 할 때
'애써 넣어 놓은 물건이 다 쏟아질 때
'색칠이 자꾸 삐져나올 때
'만들고 싶은 게 원하는 대로 안 만들어질 때

'불고 싶은 풍선이 안 불어질 때

'강아지가 안 그려질 때

'빨리 뛰고 싶은데 안 될 때

'내가 하고 싶은데 안 된다고 할 때

'자동차놀이 하고 싶은데 친구가 인형놀이 하자고 할 때

'조립 장난감의 조립이 안 될 때

'높이 쌓은 블록이 무너져 버릴 때

'인형의 옷이 잘 입혀지지 않을 때

아이들이 답답해하는 경우를 나열하려면 지면이 모자랄 정도로 많을 것입니다. 아이들에게 있어서 놀이가 세상이라면 아이는 어려서부터 많은 좌절을 겪으며 자라나는 것입니다. 하지만 아이들은 놀이에서 크게 좌절하지 않습니다. 다시 해보기를 반복합니다. 지켜보는 부모님이 해주고 싶은 마음이 들겠지만, 아이들은 인내심을 발휘해 자기 나름의 방식으로 해냅니다. 좌절한 마음에 그 놀이를 하지 않고 다른 놀이를 하다가도 다시 돌아와 해보기를 반복합니다. 아이들은 그러면서 자기 조절력을 키워나갑니다. 답답한 순간, 화가 나는 순간, 잘 안 되는 순간을 이겨내며 말입니다. 놀이를 해보지 않은 아이들은 이것을 경험할 기회가 한정적입니다. 자기한테 밀려오는 그 감정들을 처리할 방법을 모르기에 다시 시도할 기회 자체를 잃어버리게 되는 것입니다.

이것은 공부할 때도 그대로 적용됩니다. 좀 더 자고 싶은 마음을 누르고 책상에 앉는 노력이 필요하기도 하고 안 풀리는 답답함을 조절해 다시금 애써 볼 수도 있습니다. 성적이 만족스럽지 않아 화가 나더라도 힘을 내서 다시 공부할 수 있는 것도 자기 조절의 힘입니다. 성인이 자기 조절을 위해 명상하고 심호흡하며 부단히 노력하는 것과 달리 아이는 놀면서 자연스럽게 습득할 수 있는 것이 자기 조절력입니다. 몸으로 체득되는 내공 가득한 자기 조절력을 키워주려고 한다면 아이가 열심히 놀아보도록 해주십시오.

지금 내 마음을 표현할 수 있어요
– 자기 인식과 표현

자기 스스로 지금 어떤 마음인지 어떤 표현이 솔직한 건지 알고 있다는 건 아이뿐만 아니라 성인의 정신건강에도 무척 중요한 이슈입니다. 부모님들조차 뭣 때문에 화가 났는지 잘 알지 못할 때가 많습니다. 단지 도화선이 된 그 사건 때문이라고 인식하고 맙니다. 화가 나고 답답한 마음을 어떻게 풀어나가야 하는지 모르고 화풀이할 대상을 찾아보기도 합니다. 마음에 풀리지 않는 답답함이 있을 때 그게 무엇인지 안갯속 같은 마음일 때 우리는 공부뿐 아니라 어떤 일도 해내기가 어려워집니다. 학생들은 수업에 집중하기도 어렵고 문제집

의 글자를 읽고 이해하는 데도 어려움을 겪습니다. 뭔지 모르겠는 안
갯속 같은 마음이 모든 걸 뿌옇게 만들어 버렸기 때문입니다.

아이들은 부모님들도 하기 어려운 자기 인식을 아무것도 아닌
것 같은 놀이를 통해 해낼 수 있습니다. 놀이에 집중하다 보면 자
기 자신의 세계에 들어서게 됩니다. 몰입에 따라 더 깊이깊이 들어
갑니다. 자기에 관해 깊이 탐구할 수 있는 시간이 바로 놀이시간입
니다. 의식적이지 않지만 자기 놀이에 빠져들수록 자기 세계를 이
해하고 알아차리게 됩니다. 옆에서 같이 놀아주는 부모님이 있다면
아이가 놀이 안에서 그것을 알아차리도록 조금 도와주는 것도 효과
적입니다. 아이의 놀이 안에는 아이가 하고 싶은 이야기가 숨어 있
기 때문입니다. 병원놀이를 하는 아이는 병원에서의 긴장과 두려움
을 놀이에 표현할 수 있습니다. 부모님이 이때 '병원에서 아주 무서
웠었구나'라고 한다면 아이는 자기의 마음이 그랬었다는 걸 알아차
릴 수 있는 것입니다.

놀이를 많이 할수록 아이는 놀이에 자신의 다양한 감정을 투사
합니다. 행복함, 즐거움, 뿌듯함, 기쁨, 슬픔, 답답함, 긴장, 두려
움, 화남 등등 수십 수백 개의 감정을 표현합니다. 자연스럽게 자기
마음에 대해 알고 감정에 대해 알며 감정을 표현할 능력까지 생기
게 됩니다. 살아가면서 자신의 솔직한 마음을 알고 표현할 수 있다
면 정서적으로 매우 안정된 상태일 것이며, 그렇게 성장한 아이는
하고자 하는 일들의 최대치만큼 성과를 낼 수 있습니다.

여러 가지로 생각해볼 수 있어요
- 창조적인 사고

아이들 놀이를 보면 참 기발합니다. 어떨 때는 기발하다 못해 엉뚱하기까지 합니다. 그런 말도 안 되는 일들이 현실적 기반을 가지며 세상은 급격하게 발달했습니다. 세계적으로 유명한 과학자들 예술가들 작가들을 떠올려 보십시오. 모두 위대한 업적도 남겼지만, 그 안에는 억압당하지 않은 자유로운 생각과 그 생각을 표현할 기회가 있었습니다. 어려서부터 엄마가 시키는 대로 공부하고 학원 다니며 착하게 자란 아이가 세계를 놀라게 할 만한 작품을 만들어 낸 경우는 보지 못했습니다. 아이들의 자유로운 놀이는 바로 세계를 놀라게 할 창작의 기반이 될 수 있습니다.

아이들은 현실 가능한 놀이만을 하는 것이 아닙니다. 머릿속에서 떠오르는 모든 것이 놀이가 됩니다. 궁금해서 하기도 하고 기억나는 어떤 일을 표현하기도 하며 마음속에 있는 이야기를 놀이 속에 투사하기도 합니다.

호기심이 많은 친구는 놀면서 이런저런 일들을 해봅니다. 크레파스를 물에 적셔 칠해 보기도 하고 이상적으로 생각하는 집을 만들어 보기도 하고 바퀴가 두 개인 자동차를 만들기도 합니다. 고정화된 부모님의 머릿속에선 상상이 되지 않는 일들이 아이들에게선 수시로 나타납니다. 부모님들이 아이들의 상상력을 지지해준다면 아이는 더욱 신이 나서 새로운 생각을 해낼 것입니다. 어려서 이런 놀이를 즐겨 한 아이들은 사고의 틀에 자기를 가두지 않습니다. 아이가 생각할 수 있는 세계는 끝이 없고 고정된 틀이 없습니다. 기발한 아이디어, 창조적인 생각이 바로 어린 시절부터 비롯된 놀이에서 나타나는 것입니다.

마음이 후련하고 편해졌어요
– 스트레스 해소와 정화

아이를 키우는 부모님들께 스트레스 해소는 어떻게 하는지 물어보면 다양한 의견이 나옵니다. 잠을 잔다, 책을 읽는다, 영화를 본다, 음악을 듣는다, 친구를 만난다, 수다를 떤다, 여행을 간다, 맛있는 것을 먹는다, 운동을 한다, 청소를 한다, 소리를 지른다, 아무것도 하지 않는다, 게임을 한다 등. 부모님들은 나름대로 스트레스 해소방법을 알고 있습니다.

아이들도 스트레스를 받습니다. 졸린데 일어나라고 할 때, 밥 먹기 싫은데 먹으라고 할 때, 유치원(학교)에 가기 싫은데 가라고 할 때, 내 장난감 친구에게 나눠주라고 할 때, 내가 좋아하는 간식 나눠 먹어야 할 때, 엄마한테 혼날 때, 병원 가기 무서울 때, 하기 싫은 학습지 해야 할 때, 엄마가 동생만 예뻐할 때, 형이니까 참으

55

라고 할 때, 입기 싫은 옷 입으라고 할 때, 내가 좋아하는 장난감이 없어졌을 때, 억지로 씻으라고 할 때, 더 놀고 싶은데 들어가자고 할 때, 집에서 뛰면 안 된다고 할 때….

부모님들이 아이하고 부딪히는 그 순간들이 아이들도 모두 스트레스일 것입니다. 아이들도 어린이집이나 유치원, 학교, 학원 등에서 사회생활을 하고 원치 않는 압박을 받습니다. 친구들과 놀려고 모인 놀이터에서도 놀이가 싸움으로 번지고 마무리된다면 그 역시 스트레스일 것입니다. 이런 아이들은 어떻게 스트레스를 해소하나요? 부모님들은 아이들의 스트레스 해소방법에 대해 알고 계시나요? 과거의 우리 아이들보다 현재를 살아가는 아이들이 스트레스가 더 높습니다. 많은 통계에서 나타나듯이 어린이가 행복하지 않은 나라에 우리나라가 높은 순위를 차지하는 것을 보면 더욱 그렇습니다.

놀이는 아이들에게 스트레스를 해소할 수 있는 가장 효과적인 수단 중 하나입니다. 아이들은 놀이에 자신의 스트레스를 표현합니다. 화가 난 아이들은 인형한테 화풀이할 것입니다. 힘들다고 느끼는 아이는 모두 잠을 자는 동물들을 표현할 수도 있습니다. 놀고 싶은 아이들은 친구들하고 같이 노는 역할놀이를 할 수도 있습니다. 선생님께 혼났던 게 억울하고 속상했던 아이들은 선생님 역할을 하면서 아이를 혼낼 수도 있습니다. 친구랑 게임에서 져서 자존심이 상했던 친구는 혼자 게임을 진행하며 자기 역할이 계속 이기는 경

험을 할 수도 있습니다. 놀이에서만큼은 자기가 원하는 것을 마음
대로 만들어 볼 수 있어서 현실의 불만족을 만족으로 만들 수 있고,
불평, 불만을 실컷 나타낼 수 있습니다. 마음이 울적하고 속상했던
사람이 실컷 울고 나면 속이 시원해집니다. 아이들도 자기의 마음
을 놀이에 실컷 표현하고 나면 후련함을 경험합니다. 이것이 바로
놀이의 정화 효과입니다.

흔히 스트레스는 만병의 근원이라고 합니다. 스트레스는 아이
어른 할 것 없이 관리해야 할 대상입니다. 어른의 경우 스트레스가
없어야 업무 추진력이 높아지듯이 아이들도 스트레스가 없어야 아
이들의 업무인 학습 추진력이 높아집니다. 스트레스가 가득한 상황
에서 일을 해본 경험이 있으신가요? 집중도 잘 안 되고 모든 것이
불만이고 평소보다 더 예민하게 반응하게 됩니다. 일의 성과는 말
할 것도 없이 실수도 생기고 완성도도 떨어집니다. 아이들의 학업
과도 비교해보십시오. 스트레스가 가득한 아이들은 일단 집중을 할
수 없습니다. 어떤 것에 몰입할 수 있는 심리적 에너지가 고갈된 것
입니다. 몰입할 수 없으니 문제집 한 장 푸는 데 한 시간 두 시간씩
걸립니다. 일기 한 편 쓰는 데도 몇 시간씩 걸리니 부모님은 답답한
노릇입니다. 빨리 좀 하라고 재촉해도 추진할 만한 마음의 힘이 없
으니 관계만 악화될 뿐입니다.

스트레스가 높다는 건 부정적 감정의 예민성이 무척 높아진 상
태입니다. 뭐 하나만 잘 안돼도 확 올라오는 화를 견딜 수 없게 됩

니다. 문제 하나만 틀려도 세상이 무너진 것처럼 속이 상합니다. 자기 스스로가 형편없이 느껴지기도 합니다.

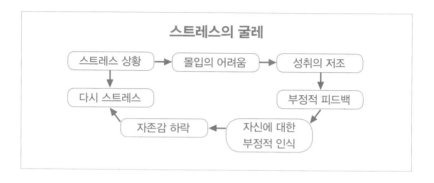

이런 상황이 아이들은 반복되고 있습니다. 놀이를 잘하는 아이들은 스트레스를 놀이로 풀고 정화까지 해냅니다. 선순환의 고리를 만들어 낼 수 있는 여지가 만들어지는 것입니다. 비용도 들지 않고 부작용도 없는 스트레스 자연 치유제가 아이들에겐 놀이입니다.

다른 사람의 마음을 알 것 같아요 - 공감

공감력이라는 말이 부각되는 세상입니다. 다른 사람의 상황이나 기분을 충분히 이해하고 비슷한 마음을 느낄 수 있는 능력을 말합니다. 영화나 드라마를 보다가 주인공의 마음이 전달돼 함께 눈물을 흘려본 경험이 있을 것입니다. 책을 보거나 음악을 듣거나 다른 사람 이야기를 들으면서도 마치 그 사람의 기분이 되어 행복하고 쓸쓸하고 분노하는, 모든 것이 공감입니다.

지금도 공감은 사회적 소통과 관련해 매우 중요한 이슈지만 앞으로는 그 중요성이 더욱 강조될 것입니다. 사회적으로 큰 범죄를 저지른 범인의 심리적 배경에는 다른 사람의 고통을 느끼지 못하는 공감능력이 결여됐다고 합니다. 사람이 살아가는 환경 속에서 다른 사람을 공감하는 능력이 없으면 자신의 욕구, 쾌락, 성취만을 위해서 살게 될 것이고 그것이 타인에 대한 피해로 이어지더라도 크게 연연하지 않을 것입니다. 아이들의 경우 공감력의 부족이 학교 폭력이나 왕따 같은 문제로 나타나기도 합니다. 공감력이 결여된 사회에선 범죄가 만연할 것이며 사람들은 서로 소통하지 못한 채 안전만을 위해 살아가야 할 수도 있습니다.

사람들은 자신을 알아주고 이해해 줄 누군가를 원하며 많은 소통을 합니다. 과학의 발달은 물리적으로 거리가 먼 사람들과도 자유롭게 소통할 수 있는 기술을 가져왔지만, 소통의 질은 매우 낮아졌습니다. 사람이 소통하는 데는 언어, 청각, 비언어적 메시지가 포함됩니다. 이 세 가지를 종합해 우리는 소통하고자 하는 전체 메시지를 이해할 수 있는 것입니다. 머레이비어 법칙에서 보면 언어, 즉 전달하고자 하는 내용은 전체 소통의 7%를 차지한다고 합니다. 음색이나 어조, 목소리는 전체의 38%를 차지하고요. 소통의 반 이상인 55%는 시선, 몸짓, 자세, 표정 등 비언어적인 메시지로 이해합니다. 디지털 시대에 사는 우리는 소통의 반은 이해 못 하고 사는 것이나 마찬가지입니다. 관계의 양은 많아졌는데 관계의 질적 경험은 계속 감소하고 있습니다.

아이를 키우는 과정을 생각해보십시오. 디지털 기계가 없을 때는 양육자가 직접 이야기하고, 노래도 불러주고, 바라보며 다양한 표정도 나타냈습니다. 하지만 요즘엔 사람의 목소리보다 기계를 통해 나온 목소리를 듣게 됩니다. 노래도 동화도 마찬가지입니다. 엄마의 말, 목소리, 표정 등을 통합해서 들을 기회가 차단되어 버립니다. 텔레비전이나 인터넷의 영상은 아이가 대상과 소통하는 것이 아닌 일방적인 소통을 빠르게 주입합니다. 어떤 걸 의미하는지 그때 내 마음이 어떤지를 알아차리기엔 너무 빠른 속도로 지나가 버립니다.

아이에게 스마트폰을 사주면 아이와 쉽게 전화하고 연락할 수 있는 수단이 생겨 반가워하던 부모님들이 많았습니다. 손쉽게 소통할 수 있는 연결고리가 생겨났기 때문입니다. 하지만 아이가 스마트폰만 하고 부모님과 함께 소통하는 일이 줄어들면서 그것을 후회하는 부모님들이 늘어나고 있습니다. 이처럼 소통이 원활히 이뤄지지 않다 보니 다른 사람의 마음을 알아차리는 일을 경험할 기회도 줄어들었습니다. 사람들과 교류하면서 자연스럽게 습득할 수 있는 공감의 형성이 어려워져버린 것입니다.

공감이라는 것은 어떻게 형성되는 걸까요? 위에서 이야기한 것과 같이 사람하고 긴밀하게 소통해야 합니다. 거기에는 직접적인 소통이 가장 중요합니다. 마주 보고 말하고 듣는 행동이 소통의 기본이 되는 것입니다. 잘 노는 아이들은 여러 친구와 놀아 봤기 때문에 소통의 경험이 많습니다. 이런 친구들은 친구들의 마음도 잘 알아차립니다. 상황에 따라 유연하게 대처하며 서로의 생각과 마음을 종합해 놀이를 즐겁게 이끌어가기도 합니다. 놀다가 잘 어울리지 못하는 친구가 있으면 잘 어울릴 수 있는 다른 놀이를 제안해 진행해 나가기도 합니다. 놀고 싶은데 못 노는 친구의 안타까움을 공감하기 때문입니다. 공감을 잘하는 아이는 항상 친구들이 곁에 있고 소통하기 때문에 더욱 공감력을 발달시킬 수 있습니다.

아이들의 혼자놀이에서도 공감력은 향상될 수 있습니다. 혼자 인형이나 피겨들을 가지고 역할놀이를 하는 것을 본 적이 있으실 것입니다. 그 안에서 아이는 이 역할 저 역할 들을 경험합니다. 엄마, 아빠가 되기도 하고 언니, 아기, 동생이 되기도 하며 의사, 환자, 학교 선생님, 악당, 친구, 경찰, 소방관 하물며 하느님이 되어 보기도 합니다. 진짜로 경험해볼 수는 없지만 놀이 안에서 아이는 여러 인물이 되어 그 사람의 생각, 감정들을 읽어나갈 수 있게 되는 것입니다.

공감이라는 것과 공부는 관련이 없는 일이라 생각이 될 수도 있습니다. 우리나라의 교육은 아이들에게 최대한 다양한 지식을 주입하는 과정으로 이뤄져 왔습니다. 지식을 많이 습득한 아이들이 공부를 잘하고 결과적으로 사회적 성공을 이룰 수 있었습니다. 하지만 소통되지 못하는 지식은 점점 쓸모없어지는 시대로 변화하고 있습니다. 우수한 성적으로 최고의 회사에 입사해도 조직 내에서 적응하지 못하고 퇴사하는 경우가 많아지고 있습니다. 최근 블라인드 면접도 늘어나 지식이나 학위가 아니라 면접관들을 움직이는 소통의 기술이 더 중요해지는 시점입니다. 병원의 의사도 마찬가지입니다. 다양한 지식과 정확한 진단을 내리는 의사보다 환자의 어려움을 알아주고 그 어려움을 줄여주는 의사가 명의로 주목받는 것도 공감과 소통의 중요성을 알려주는 것입니다.

단순히 지식이 많은 아이를 키우려는 것이 아닌 공감과 소통을 바탕으로 건강하게 사회에 적응하고 발전할 수 있는 아이로 키우고자 한다면 놀이가 아이들에게 얼마나 중요한지 먼저 알아야 합니다.

〈공감 퀴즈〉

공감적인 반응과 비공감적인 반응을 골라봅시다.

	반 응	O	X
1	화가 많이 났구나. 마음대로 되지 않으니 화가 났겠다.		
2	뭘 이런 거로 울어. 울지마 괜찮아.		
3	네 말을 듣고 보니 네가 정말 답답했을 것 같아.		
4	그래. 그게 잘 참는 방법이지. 잘했어.		
5	친구가 그렇게 말했다니 정말 속상했겠구나.		
6	힘내. 넌 잘할 수 있어.		

1번은 공감적인 반응입니다. 공감은 다른 사람의 마음을 내 심정처럼 느끼는 것이므로 아이의 마음을 단정 짓기보다 '~하겠구나'와 같은 반응이 좋습니다.

2번은 공감적인 반응이 아닌 것을 아시겠나요? 아이가 우는 이유에 대해 공감하기보다 어머니의 의견을 전달하는 것입니다.

3번은 공감적인 반응에 가깝습니다. 공감적인 반응에 정답은 없지만, 아이의 마음을 헤아려 어머니의 진심을 전달할 수 있으면 됩니다.

4번은 공감적인 반응이 아닙니다. 칭찬에 가깝지만 효과적인 칭찬 반응도 아닙니다. 이러한 반응은 평가나 가르침을 받는다는 인상을 주므로 아이가 이해받았다고 느끼기 어렵습니다.

5번은 공감적 반응입니다. 아이가 친구에 대한 불만을 털어놓는다면, "친구 욕하면 안 돼", "그 친구와 놀지 않으면 좋겠어"라는 지시적인 반응보다는 온전히 아이의 입장에서 느꼈을 기분을 전달하는 것이 중요합니다.

6번은 공감적인 반응이 아닙니다. '힘내라'라는 말은 자칫하면 자신의 말을 이해하지 못하고 엄마가 자신의 말을 부담스러워한다고 생각하기 쉽고 답답한 기분을 느끼게 할 수 있습니다.

아하! 그것의 본질을 알았어요 – 통찰력

통찰력은 예리하게 관찰해서 사물을 꿰뚫어 보는 능력을 말합니다. 우리가 흔히 '너 통찰력 있다'라고 말하는 경우는 그 사람의 이야기 안에 번뜩이는 순간적 재치와 예리함이 있기 때문입니다. 무언가의 본질을 이해하는 능력은 본질의 궁극적인 부분까지 닿아 그것을 완전히 파악했다는 뜻입니다. 학습에서 이러한 통찰력은 단순히 암기 위주의 지식 습득이 아니라 지식을 유용하게 활용할 수 있는 나만의 지식으로 이용될 수 있습니다. 세상의 수많은 과학자, 발명가, 예술가는 놀이를 통해서 통찰력과 영감을 떠올리며 과학사, 예술사에 큰 변화를 이룩했습니다.

창조적인 통찰이라는 관점에서 놀이는 규범화된 규칙을 깨뜨리고 그것의 새로운 본질을 드러내 전에 없던 새로운 것을 창조해낼 수 있습니다. 놀이라는 자유로운 매개는 마음의 부담 없이 자유로운 상상을 끌어낼 수 있는 매우 효과적인 도구기 때문입니다. 재미라는 요소를 동기 부여로 사용하기 때문에 상상력을 극대화할 수 있고 감각과 창의적인 접근을 하기에도 놀이는 매우 유용합니다.

페니실린이라는 곰팡이를 발견한 알렉산더 플레밍이라는 과학자가 있습니다. 그 곰팡이균은 우연한 알렉산더의 놀이로 발견됐고 수십 년 동안 수백만 명의 생명을 구해냈습니다. 놀이라는 것이 아이들이 하는 시시한 활동이라 생각하셨다면 인류의 생명을 구한 위대한 업적에 대해서는 어떻게 설명할 수 있을까요? 알렉산더 플레밍은 과학자였지만 온갖 스포츠와 게임을 즐기며 노는 데도 많은 시간을 할애했습니다. 사격, 골프, 당구, 크로케, 브리지, 포커, 퀴즈, 게임, 탁구 등등 그가 즐기지 않은 놀이와 스포츠는 없었던 듯합니다.

여기에서 재미있는 사실은 그는 게임을 할 때 규칙을 계속 바꿔가며 놀았다는 것입니다. 원래의 게임 규칙이 익숙해지면 더 어려운 규칙을 개발해 어려움을 극복하는 과정에 몰두하고 쾌감을 느끼며 놀이를 발전시켜 나갔습니다. 그는 놀이에 몰두하다가 중요한 약속을 잊은 적도 있을 정도라 합니다. 연구실에서도 유머와 장난꾸러기 기질을 충분히 발휘했습니다. 과학이라는 게임을 즐기고 있던 것입니다.

과학 놀이에 몰두하는 아이들

"난 지금 미생물을 가지고 놀아. 물론 이 놀이에는 많은 규칙이 있어. 그런데 어느 정도 놀이에 익숙해지면 그 규칙을 깨뜨리는 것이 무척 재미있어져. 그 후엔 다른 사람들은 생각조차 하지 못한 것을 알아낼 수 있지."

곰팡이를 가지고 실험실에서 놀았던 그는 결국 인류사에 위대한 업적을 남겼습니다.

통찰력을 가지고 놀이에 임했던 많은 위인이 있었던 것처럼 최근 기업에서도 놀이를 통해 번뜩이는 통찰력과 아이디어를 발휘하도록 환경을 조성하고 있습니다. 놀이터를 방불케 하는 기업들이 늘어나고 있습니다. 대표적으로 구글이나 페이스북, 아마존, 유튜브, 우리나라의 다음이나 네이버도 놀이터 같은 일터를 표방하며 직원들의 통찰력과 상상력을 자극합니다. 구글 같은 경우 구글 캠퍼스라 부르며 캠퍼스 안을 자유롭게 자전거로 이동해 다닙니다. 야외 카페테리아에서 여유롭게 커피를 한잔 즐길 수 있는 것은 물론이고 직원들끼리 자유롭게 운동경기를 즐기기도 합니다. 자신의 애완견을 데리고 회사로 출근하기도 합니다.

놀이터 같은 일터

놀이라는 것은 그 자체로 만족스러울 뿐 어떤 특정의 목적이 없습니다. 성패를 따질 수도 없고, 결과를 설명할 필요도 없고, 의무적으로 수행해야 하는 과제도 아닙니다. 단순히 즐기는 것, 즉 어떤 부담이나 책임감을 느끼지 않고 그저 무엇을 하거나 만들거나 움직이며 즐거움을 추구해 나가는 과정입니다. 놀이의 이러한 특성이 우리를 창의적이고 유연하게 탈바꿈시킴으로써 새로운 통찰을 끌어낼 수 있도록 도움을 주게 됩니다.

세상의 다양한 지식이 누적됐고 그 지식을 단순히 사용해 살 수 있는 시대는 저물고 있습니다. 지식을 활용한 새로운 발견과 통찰이 앞으로 우리 아이들이 살아야 할 시대가 됩니다. 아이들은 사물을 꿰뚫어 보고 그것의 본질을 찾는 놀이를 반복적으로 계속하며 머릿속에 있는 창조적 에너지를 놀이에 쏟아 새로운 통찰을 얻는 작업을 계속해 나가야 할 것입니다.

우리 같이 해볼까요? -사회성

아이는 성장함에 따라 놀이로 사회적 역할을 학습하고 좀 더 성장하면 친구들과 관계를 맺어가며 사회적인 규범을 학습합니다. 서로 어울려 노는 과정을 통해 상대를 이해하고 양보할 줄 알며 질서와 규칙을 지키고, 희생도 할 줄 아는 아이로 성장하게 되는 것입니

67

다. 이것이 바로 아이들의 사회성입니다. 우리가 사회시간에 배웠던 유명한 말이 있습니다. '사람은 사회적 동물이다'라는 말입니다. 그것은 변치 않는 명제고 사회적 동물이 사회 속에서 적절히 적응하지 못할 때 여러 문제가 발생합니다.

최근엔 은둔형 외톨이라고 집에서 나오지 않고 고립된 생활을 하는 사람도 있습니다. 스스로 사회에 적응하지 못해 부적응 상태로 고립된 것입니다. 우리나라도 젊은층에서 이 은둔형 외톨이가 증가하고 있으나 그 규모조차 정확히 파악되지 않는 실정입니다. 어떤 사회활동도 거부하기 때문에 경제적 활동은 물론 대인관계 활동도 하지 않습니다. 어려서부터 사회성이라는 부분을 간과하고 자란 아이들의 경우 자기에게 어려운 일이 닥쳤을 때 그것을 해결하지 못하고 집안으로 숨어버리게 되는 일이 발생할 수도 있습니다.

아이들의 사회성은 제일 먼저 가정에서 시작됩니다. 사회와 가정의 문화 속에서 요구되는 기대와 가치를 배우고 관계를 형성해 나갑니다. 아이가 자라면서 "싫어", "안 해" 등 부정적인 말을 할 때가 있습니다. 이때 아이의 목소리는 격양돼 있고 단호하며 거부적인 표정이 명확히 드러날 것입니다. 이에 부모님은 당혹스러운 표정을 짓겠죠. '저 아이가 왜 저러지? 이런 상황에서 어떻게 해야 하지?' 하며 고민스러운 표정도 함께 드러날 것입니다. 그러다가 결론이 나면 부모님도 더욱 확고한 태도로 '싫다고 해도 할 수 없어!'라고 메시지를 전합니다. 부모님의 말투엔 단호함이 있고 표정엔

결연함이 있습니다. 아이는 생각합니다. '아, 안 되겠구나'라고 말입니다. 이런 과정이 바로 사회성의 기반입니다. 사람과 사람이 상호작용하며 언어적 메시지와 목소리, 표정 등을 종합해 전하고자 하는 것이 무엇인지 알아냅니다. 그 반응에 따라 해야 하는 것과 하면 안 되는 것을 구별할 수 있습니다.

아이의 놀이에서도 이러한 사회성은 학습됩니다. 놀이터에서 아이들이 달리기 시합을 하고 있습니다. 한 아이가 헉헉거리며 뛰지만 그룹에서 가장 늦게 도착했습니다. 그것을 본 날쌘 친구 한 명이 "느림보래요~ 느림보래요!"라면서 놀립니다. 그 말을 들은 친구는 안색이 변합니다. 달리기에서 진 것도 억울한데 놀림까지 받으니 울컥하는 마음이 올라옵니다. "너랑 안 놀아"라고 힘겹게 말을 던지고 엄마한테 가 엉엉 울고 있는 상황이 벌어집니다. 놀렸던 친구는 그 친구의 반응을 보니 놀리는 말은 친구를 속상하게 한다는 사실을 깨닫습니다. 그러면서 '아, 늦게 달렸다고 놀리면 안 되겠구나'라는 걸 알게 됩니다. 우리가 일상적으로 볼 수 있는 상황이지만 아이들이 경험하는 이러한 일들이 사회성을 기르는 과정입니다. 내 말이나 행동에 대해 상대의 반응을 보고 보다 바람직한 가치를 알게 되는 것입니다.

하지만 사람과 접할 기회가 적은 환경에서 자란 아이들은 일상 생활에서 이런저런 경험을 쌓기가 어렵습니다. 상대의 감정과 상태를 살피는 일이 적어지는 것입니다. 휴대폰과 가깝게 지내는 요즘

69

가족들은 얼굴을 마주하고 상대가 전달하고자 하는 메시지를 파악하려는 노력을 덜 합니다. 아이들이 떼를 쓰면 휴대폰을 줘서 그 상황을 모면하고 공공장소에서 아이들을 조용히 시킬 요량으로 휴대폰을 쥐여줍니다. 불편한 상황에서의 대처법이 휴대폰이 돼버리는 것입니다. 이것은 또래 사이에서도 나타납니다. 친구와 놀다 보면 의견 충돌이 일어나고 감정적으로 서로 어려움을 경험합니다. 그 어려움을 외면하고 각자 휴대폰 세계에 들어가면 해결되지 않은 어려움은 그대로 묻히고 마는 것입니다. 후에 휴대폰 메시지로 '미안해'라고 사과할 수도 있습니다. 텍스트로만 전해진 사과는 전달력이 매우 낮습니다. 목소리와 표정이 드러내는 감정을 담아 내지 못하기 때문입니다.

우리는 사회성을 발달시키기 어려운 시대에 살고 있습니다. 실제로 과거 수십 년 전보다 현재의 사회성이 더 부족합니다. 기술의 발달로 회사로 출근하지 않고도 일할 수 있는 환경으로 변화하고 있습니다. 혹은 1인 기업으로 혼자 할 수 있는 일들도 늘어나고 있고요. 하지만 출근하지 않는다고 해서 혼자 일한다고 해서 사람과 접하지 않는 것은 아닙니다. 직접 접하지 않기 때문에 전달하고자 하는 메시지 일부만이 상대에게 전달됩니다. 자신이 의도한 메시지를 정확히 전달하려면 과거 대면 교류보다 더욱 고차원적인 사회성이 발달되어야 합니다. 아이들은 유치원에서 학교에서 친구들과 선생님을 만나 사회성을 발달시킨다고 합니다. 하지만 소통 없이 일방적으로 주입하는 교육현장에서는 결코 사회성이 발달할 수 없습니다.

자유로운 놀이 안에서 친구들과 소통할 기회가 많이 생겨야 사회적으로 발달시켜야 할 가치를 습득할 수 있습니다. 사회성의 발달에는 시간을 확보하는 것, 사람과 직접 소통하는 것, 긴밀한 관계를 성립해 나가는 것 등이 기반이 되어야 합니다. 흔히 애착이 잘된 아이들이 사회성이 좋다는 것은 엄마와의 긴밀한 관계 안에서 직접 소통하는 시간이 많았기 때문입니다. 초기 부모님과의 놀이에서 애착을 형성하고 친구들과의 놀이에서 사회성을 형성하는 일 모두 놀이가 가볍지만 중요한 가치를 지닌다는 것을 방증합니다. 사회성이 좋은 아이들이 또래 관계에서 성공하고 이는 자존감 향상으로 나타나며 궁극적으로는 학업 및 다른 어떤 일도 성공적으로 할 수 있는 굴레가 완성되는 것입니다.

내가 해볼 수 있어요 - 유능감

이 책을 읽고 계신 부모님들은 아이를 키울 때 어떤 마음이 많이 드셨나요?

'너무 예쁘다. 사랑스럽다.
'네가 웃는 모습에 내가 힘이 난다.

'힘들지만 커가는 모습이 자랑스럽구나.

'우아, 오늘은 엄마를 알아보는 것 같구나.

'우쭈쭈 귀여워라.

'네가 빨리 컸으면 좋겠다.

'얘는 날 왜 이리 힘들게 하지?

'난 부모로서 자격이 없나?

'아이 키우는 건 너무 힘들다.

'차라리 나가서 일하고 싶다.

'도대체 왜 우는 거니?

아이를 키우는 부모님들은 아이를 향한 마음이 하루에도 열두 번씩 변했을 것입니다. 아이를 키우는 일은 신체적으로 심리적으로 큰 에너지를 쓰는 일입니다. 지치고 힘들 때도 있지만, 그것을 잘 견디고 해결해 나가다 보면 아이는 어느새 훌쩍 자라있기도 합니다. 양육하는 것이 어렵지만 해낼 수 있다고 믿고 시행착오를 겪더라도 여러 가지 방법을 사용해 내 아이와 나에게 맞는 적절한 양육 방식을 찾아 나갑니다. 이것이 바로 부모님의 양육에 대한 유능감이라고 할 수 있습니다.

이러한 부모님의 양육에 대한 유능감은 아이를 키운다고 저절로 생기는 것은 아닙니다. 근본적으로 가지고 있는 유능감이 아이를 키우면서도 나타나고 잘 커가는 아이를 보며 부모님의 유능감을 더욱 높여 줬을 것입니다. 유능감은 '난 해낼 수 있다'라는 것을 믿는 것이지만 좀 더 포괄적으로 보면 사회의 구성원으로서 자신의 정체성과 역할에 대해서 학습하고 타인과 긍정적인 관계망 속에서 잘 적응하는 능력입니다. 즉, 사람이 살아가면서 요구되는 대인관계, 인지적, 정서적 영역을 포함하는 통합적 능력입니다.

근본적인 유능감은 어디에서 비롯될까요? 아이는 자신의 수준과 흥미에 따라 놀이를 자발적으로 선택합니다. 그 안에서 자신의 행동을 관리하는 방법을 터득하고 무엇인가 해내었다는 성취감을 느끼게 됩니다. 성공의 경험들이 누적될수록 아이는 사회적인 유능감을 키워나갈 수 있습니다. 아이가 노는 모습을 지켜보십시오. 유능감이 높은 아이는 놀이에서 어떤 활동이 이뤄지고 있는지 관찰하며 그것을 이해하려고 애씁니다. 놀이에 참여할 수 있는 효과적인 전략을 탐색하고 수정하며 자연스럽게 집단에 섞여 놀이에 참여합니다. 이러한 친구들은 사회적 상황에서 문제행동을 적게 나타내며 적응하는 능력이 뛰어납니다. 놀이하는 동안에도 또래의 감정에 더욱 긍정적으로 반응하고 협조해 또래로부터 더욱 나은 놀이 상대로 인정받게 됩니다. 이런 과정을 반복하며 아이는 유능감이 높아지기 때문에 새로운 활동을 자신 있게 제안하고 또래에게 자신의 의견을 분명히 밝히는 주도성도 나타내게 됩니다.

이처럼 아이는 사회적 존재로서 만족스러운 삶을 살기 위해 다른 사람들과 긍정적인 교류를 하며 사회에 적응해 나갑니다. 놀이

하면서 어릴 때부터 내면에 유능감을 차곡차곡 쌓아간 아이는 놀이 이외의 순간에도 유능감을 발휘합니다. 그것은 학령기에 공부를 하면서도 나타나고 성인이 되어 직장생활을 할 때도 나타납니다. 위에 나온 것처럼 부모가 되어 아이를 키우는 과정에서도 나타나게 됩니다. 긍정적이고 자신 있는 부모님이 아이를 키울 때, 아이가 태어나 처음 만나는 대상인 부모님에게서 어떤 감정을 느끼게 될까요? 아이도 부모님의 모습을 모방하고 모델링 삼아 유능감 높은 아이로 자라날 수 있는 것입니다. 실제로 많은 연구에서도 부모님의 유능감이 아이들의 유능감에도 영향을 미친다고 합니다.

'유능감을 높이기 위해 여러 가지 성공경험을 하게 해주면 안 되나요? 꼭 놀아야 하나요?'라는 의문을 가신 부모님들도 있습니다. 유능감을 높이려면 주변 환경에 도전하고 싶은 마음이 들어야 합니다. 아이들에게 자발적인 도전이라는 건 누군가가 시켜서 하는 일이 아니어야 합니다. 누가 시키지 않아도 아이들이 자연스럽게 할 수 있는 건 놀이뿐입니다.

3

놀 줄 아는 아이가
꿈을 결정한다

4차 산업혁명 시대의 인재들

2016년 세계경제포럼에서 4차 산업혁명에 관해 언급되고 세계는 빠른 속도로 4차 산업혁명의 시대로 달려나가고 있습니다. 아이를 키우는 부모님들도 4차 산업혁명의 변화를 생활 속에서 느끼고 계시나요? 그 변화에 맞춰서 아이를 키우고 계시나요? 우리는 지금까지 3차 산업시대를 살아왔습니다. 기술의 발전으로 산업화를 일구어 왔습니다. 그중 우리나라는 엄청난 속도로 산업화를 이뤄낸 나라입니다. 우리의 모델인 선진국들이 길을 닦아 놓았고 우리는 닦아 놓은 그 길을 열심히 달려왔기 때문입니다. 가야 할 방향과 목표가 정해져 있었기 때문에 빨리 달리기 위한 노력만을 하면 되는 시대를 살아왔습니다. 이 과정에서 우리는 아이의 학습도 정해진 교과과정을 빨리 습득하는 것을 목표로 삼아왔습니다. 과거 그것은 성공과 관련지을 효과적인 학습시스템이었기 때문입니다.

우리가 그동안 열심히 달린 결과 기술의 산업 발전이 선진국의 어느 나라와도 견주어 크게 뒤지지 않게 됐습니다. 이제 빠르게 달리기보다는 가야 할 방향과 목표를 우리가 스스로 찾고 세워야 할 시점이 됐습니다. 여기에 4차 산업혁명의 물결은 산업 분야를 넘어 사회 전 분야로 급격히 퍼져 나가고 있습니다. 사람과 사람, 사람과 사물, 사이버 세상과 현실 세계들이 모두 연결되는 초연결 사회가 됐습니다. 초연결 사회에서 만들어지는 정보와 그 사용이 이제 우리가 계획하고 통제하던 방향을 벗어나고 있습니다. 변화의 속도와 깊이 그리고 폭이 너무도 빠르다는 것입니다.

4차 산업혁명

4차 산업혁명을 상상하고 그린 영화나 책들이 많이 나오고 있습니다. 로봇이 지배하는 세상 속에서 인간의 어두운 미래를 보여주는 영화도 있고 노동에서 해방된 인간을 그린 영화도 있습니다. 빠르게 변화하는 사회 속에서 우리는 아이들을 어떻게 키울 것인가 심각하게 고민해야 하는 때가 온 것입니다.

세상은 기존과는 다른 '공부'를 원한다

많은 전문가가 세상은 더 이상 공부가 전부가 아니라고 이야기 합니다. 우리가 기존에 알고 믿어 의심치 않던 성공 방정식이 허물 어지고 있기 때문입니다. 하버드대의 토니 와그너 교수는 '우리 아 이들은 스스로 창직해야 하는 세대다'라고 이야기하고 2016년 다보 스 포럼에서는 전 세계 7세 아이들 65%는 지금 없는 직업을 가질 것이라고 예상했습니다. 기존에 있던 것을 익혀서 그것을 지속해서 직업으로 삼을 수 있는 시대가 저물고 있습니다. 새로운 것을 유연 하게 받아들이고 그것을 자기화시켜서 할 수 있는 일을 만들어내는 것이 미래의 직업이 됩니다. 우리 아이들은 직업보다 자기 고유의 브랜드네임이 필요합니다.

영국의 드라마 '휴먼스'에서 보면 인간과 로봇이 어느덧 함께 공 존하게 되는 세상이 옵니다. 청소, 요리, 빨래, 아이 양육까지 모두 로봇이 대체하고 있습니다. 효율성 면에서 인간은 로봇과 경쟁이 되지 않습니다. 전 영역에서 로봇이 월등하다 보니 인간이 할 일이 없어집니다. 아이들도 마찬가지가 되어버립니다. 주인공 아이는 자기가 무엇인가를 배워야 하는 이유에 대해서 알지 못합니다. 로봇은 기억을 잊지도 않고 감정에 휩쓸려 지식을 적절히 활용하지 못하는 실수도 하지 않습니다. 로봇이 모든 영역에서 월등해진다면 드라마에 나온 아이처럼 더는 무엇을 배울지 무엇을 할지에 대한 의욕이 없어지게 됩니다. 인공지능이 장악하는 미래 앞에서 인간의 지식은 무용지물이 되어버리기 때문입니다.

우리가 사회에 경쟁력 있는 아이로 키우려면 무엇을 가르쳐야 할까 하는 고민 자체가 의미가 없어져 버릴지도 모릅니다. 단지 드라마의 이야기일 것 같은 일들이 4차 혁명 속에서 빠르게 생활 속으로 침투하고 있습니다. 우리는 기존의 공부와는 다른 차원의 공부를 아이들에게 제시해 줘야 할 때입니다.

세상의 변화들

포켓몬고

몇 년 전 전 세계적으로 선풍적인 열풍을 불러온 포켓몬고라는 게임이 있습니다. 기존의 다른 게임들과는 달리 4차 혁명의 기술로 만들어진 것입니다. 'AR + 위치기반서비스 + 게임 + 캐릭터'의 결과물이 포켓몬고 입니다. 증강 현실과 전 세계의 위치기반을 바탕

으로 포켓몬을 잡습니다. 아이들의 만화영화에서 주인공이 하던 활
동을 그대로 현실세계에서 하게 된 것입니다. 포켓몬은 세계 곳곳
에 흩어져 있으며 포켓몬 사냥꾼들은 그것을 잡기 위해 어디든 다
닙니다. 여기에는 현실과 가상세계가 이어지고 그 안에서 게임을
즐기는 사람은 현실 속의 내가 되기도 가상세계의 포켓몬 사냥꾼이
되기도 하는 것입니다.

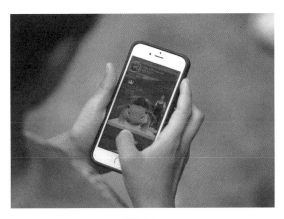

포켓몬고

아마존 GO

4차 혁명과 관련해 많이 언급되는 기업 중 하나가 아마존닷컴
입니다. 이 기업은 4차 산업기술을 적극적으로 활용해 동선 추적센
서와 인공지능 등의 기술을 도입한 무인마트 '아마존고'를 만들었습
니다. 이곳을 방문한 고객은 원하는 상품을 장바구니에 넣고 그냥
매장 밖으로 나가면 됩니다. 계산을 위해 줄을 서고 계산대에 상품

을 올리고 바코드를 찍어 구입한 상품을 확인하고 카드를 꺼내 상
품의 값을 지불하는 일련의 과정이 모두 없어진 것입니다. 고객이
진열 선반에서 물건을 꺼낼 때 센서로 무엇을 샀는지 기록이 되고
매장을 나갈 때는 모바일 앱에 등록된 신용카드로 자동 결제가 됩
니다. 여러 번의 과정을 거쳐야 하는 일들이 획기적으로 줄어든 시
스템으로 변한 것입니다. 이런 시스템의 변화는 이용하는 사람들의
시간을 단축하는 긍정적인 면도 있지만 사람이 하는 일을 기계가
대체함으로써 고용에 변화를 일으키기도 합니다. 이것이 4차 산업
혁명시대의 가장 큰 변화의 축이 됩니다.

3D 프린터

3D 프린터의 세계는 실로 무궁무진합니다. 자기가 생각하는
것은 모두 디자인해서 만들 수 있기 때문입니다. 흔하게는 아이들
의 피겨 장난감부터 시작해서 의료용으로 사용할 수 있는 장기, 관
절 등도 있습니다. 자동차나 집도 3D 프린터를 이용해 만들 수 있
는 세상이 진행되고 있습니다. 이것은 정해진 루트대로 똑같이 만
드는 공장과는 다른 형태로 이뤄집니다. 자기가 디자인한 고유의
작품들, 개개인의 필요 때문에 맞춤형으로 만들어진 것들입니다.
아이들이 생각한 어떠한 것들이 만들어질지 관심 있게 지켜봐야 할
시기입니다.

자율주행차

사람이 직접 운전하지 않아도 되는 자율주행차는 실제로 운행되는 지역이 있고 곧 자율주행택시를 운행할 계획을 발표한 기업도 있습니다. 웨이모라는 자율주행자동차 개발 회사입니다. 무인자율주행택시는 승객이 스마트폰 앱을 통해 택시를 호출하면 승객을 태워 목적지까지 도착하며 승객이 내리면 앱안에 저장된 신용카드가 자동으로 결제를 하는 시스템으로 운영될 예정입니다. 이러한 자율주행차가 도로에 10%만 존재해도 차량의 평균속도가 2배나 빨라진다는 연구 결과가 있습니다. 자율주행차는 사방의 레이더가 주변의 차량 속도를 정확히 측정해 사람보다 정교하게 브레이크를 사용하기 때문입니다.

로봇

예술가 수년전 로봇 가수가 나왔을 때 모든 사람들이 신기하게 생각했지만 이제 그러한 일은 더 이상 신기한 일이 아닌게 되어버렸습니다. 인간과 배틀하는 피아니스트도 있고 작곡을 하는 로봇, 영화를 제작하는 로봇, 영화 시나리오를 쓰는 로봇도 있습니다.

4차 산업혁명의 선두 주자 기업들은 앞다투어 로봇 예술가를 만들어 내고 있으며 사람이 하는 예술 활동에 접목해 더 큰 창작을 이뤄낼 수 있는 로봇에도 개발을 힘쓰고 있습니다.

친구 미국에서 siri라는 것을 스마트폰에 탑재한 이 후 로봇 친

81

구는 계속적으로 늘어나고 있습니다. 우리나라의 누구, 지니, 아리 등 대화할 수 있는 로봇에서부터 챗봇처럼 고객상담이 가능한 로봇도 생겨나고 있습니다.

집안일　로봇청소기의 대중화는 머지않아 보다 다양한 집안일을 로봇이 대체할 수 있다는 가능성을 보여주고 있습니다. 단지 먼지를 빨아들이는 것 뿐만이 아니라 물걸레질을 하는 것까지도 로봇이 해낼 수 있기 때문입니다.

IoT(Internet of Things)

사물인터넷의 발달은 우리가 더 이상 소유하지 않고 사용할 수 있는 시스템을 만들어냈습니다. '우버'라는 기업이 그 대표적입니다. 인터넷을 기반으로 서로 공유하는 시스템을 만들어낸 것입니다. 차량, 자전거, 집 등 함께 공유하지 못할 것이 없을 정도입니다. 우리나라에서도 '따릉'이라는 자전거가 요즘 많은 사람이 이용하는 유용한 공유 시스템입니다. 사물과 인터넷의 결합은 사람의 생활하는 어디에도 적용될 수 있습니다. 시계, 옷, 신발, 가전, 의료기기 등 이미 우리 생활 깊은 곳까지 사물인터넷은 들어와 있습니다.

드론

무인 드론 택배는 이미 상용화 단계에 와 있습니다. 2016년만 하더라도 드론 택배의 가능성이 시사됐지만, 그것을 상용화하기에는 여러 가지 고려해야 할 문제점이 있었습니다. 이것은 앞으로 더 빠른 속도로 발전해 머리 위를 날아다니는 택배 상자를 볼 날이 머지않은 것 같습니다. 4차 혁명의 발달은 인공지능, 사물인터넷, 빅데이터, 로봇, 드론 등이 거론되고 있으나 이 외에도 우리가 상상하던 그 어떤 것으로도 발전할 수 있습니다.

세계경제포럼에서는 2020년까지 약 700만 개의 일자리가 감소하고 새로운 일자리는 약 200만 개에 그치리라 전망하고 있습니다. 인간의 노동력을 대체하는 기계가 우리 생활 가까이에 올 날이 수십 년 수백 년 후의 일이 아닙니다. 바로 몇 년 후 그리고 지금도 역시 변화의 한 가운데에 우리가 서 있습니다. 2025년에는 로봇 약사가 등장하고 2026년에는 인공지능이 스스로 자신의 의사를 결정할 수 있는 수준까지 기술이 개발됩니다. 이미 생활 속에서 적용되고 있는 결과물들도 더 많은 변화를 통해 획기적으로 우리 옆에 있습니다. 인간의 일자리는 변할 것이고 기존의 유망한 분야였던 의사, 변호사, 교수, 전문가 등이 더 이상 유망한 직업이 아닐 수 있습니다.

미국의 한 전문가는 대중 강연에서 '이젠 한우물만 파면 30세에 백수, 두 우물을 파도 40세면 백수가 되는 시대'라고 하며 최소한 5~6개의 미래 직업에 대한 준비가 필요한 세상이라고 했습니다. 빠르게 변하는 세상에서 미래를 살아야 하는 아이들은 분야를 넘나드는 유연성은 물론 개인의 강점과 상대방의 강점이 만나 더 큰 시너지 효과를 낼 수 있는 일을 해야 미래의 인재가 될 수 있음을 전망하는 것입니다. 우리 아이의 공부가 기존과는 다른 형태로 가야 한다는 것에 동의하실 수 있기를 바랍니다.

4차 산업혁명이 요구 능력

창의력(Creativity)

전 세계의 수많은 학자가 4차 산업혁명 시대 필수 역량으로 꼽는 것이 바로 창의성입니다. 미래 인재를 양육하려면 창의력을 길러야 한다고 학자들이 입 모아 강조합니다. 창의력은 로봇이 대체할 수 없는 역량이기 때문입니다. 알고리즘이 정해져 있는 텔레마케터, 운전기사, 회계사 같은 직업은 자동화될 가능성이 큽니다. 하지만 사람의 창조적인 사고가 필요한 과학자, 예술가, 사업 전략가 등의 직업은 자동화된 시대에서도 상대적으로 안전하다고 할 수 있습니다.

창의력 있는 인재로 키우려면 어떠한 노력이 필요할까요? 세계적으로 창의력을 계발시키기 위한 다양한 교육을 하고 있습니다. 미국의 메이커 운동, 유럽의 예술가와 창의적 교육 같은 것이 그것입니다. 하지만 그것을 우선해야 하는 것이 있습니다. 바로 부모님과 교육자들의 인식 변화입니다. 창의력은 가르치는 방법이 따로 있는 것이 아닙니다. 이것은 만들어진 창의성으로 자발적으로 생각하며 새로움을 찾아내는 것이 아니라 정해진 창의성을 외우는 것입니다. 아이들에게 떠먹여 주는 창의성은 4차 산업혁명 시대에서는 사용할 수 있는 가치가 아닙니다.

창의성은 모든 생각과 행동을 새로운 방법으로 시도해보면서 발달합니다. 아이들은 자발적인 놀이를 하면서 끊임없이 새로움을 만들어낼 수 있습니다. 창의성을 배우는 학원에 가는 시간에 아이는 자유롭게 놀 수 있는 시간이 있어야 합니다. 놀이하는 순간 아이는 자기가 하고 싶은 것을 합니다. 창의성 학원처럼 무엇을 해보라고 권유하지 않고 어떻게 하는 거라고 방법을 알려주지 않으면 아이는 자기가 원하는 놀잇거리로 자기가 원하는 놀이를 할 수 있습니다. 진정한 창의성은 바로 이러한 순간에 발휘됩니다. 자유로운 생각을 가로막고 정해진 고정관념의 틀에 아이들을 가두지 않는 순간이 진정 4차 산업혁명 시대에 필요한 창의성입니다.

비판적 사고력(Critical Thinking)

4차 산업혁명 시대에는 매일 새로운 정보가 쏟아져 나올 것입니다. 이른바 빅데이터 시대입니다. 우리는 몇 번의 클릭만으로 그 정보들을 찾아볼 수 있습니다. 이런 수많은 정보를 분석해 나에게 필요한 유의미한 결과를 만들어내는 비판적 사고력이 필요한 시대입니다. 아이들은 깊은 사고를 통해 정보를 활용해 창조적으로 새로운 생산물을 만들어내야 합니다. 즉, 무엇인가를 보고 해석해 나만의 생각, 감정, 행동을 세워나가야 합니다. 최근 우리 사회에는 가짜뉴스가 증가하고 있습니다. 대부분의 사람이 이 가짜뉴스를 접했고 그것이 진짜라고 믿기도 합니다. 수많은 정보를 접하고 비판적 사고력을 통해 그것의 옳고 그름을 판단하는 일도 이제 우리 아이들이 해내야 할 목표입니다.

비판적 사고력의 출발점은 아이들의 호기심입니다. 호기심은 다양한 질문들을 만들어냅니다. '이건 뭘까?', '이건 어떻게 될까?', '다음은 뭐지?', '만약 이렇게 한다면?' 등등입니다. 이런 자연스러운 질문은 아이들의 놀이 안에서 가장 많이 발견됩니다. '이렇게 놀아볼까?'라는 질문을 바탕으로 다양한 가지를 뻗어 나가는 것입니다. 지극히 자연스럽고 자발적인 질문이 호기심입니다. 질문을 끌어내고자 하는 어떤 행동도 자발적인 호기심에 견줄 수 없습니다. 놀이를 하는 아이들을 보면 부모님이 아이들의 놀이에 궁금증이 생길 것입니다. 우리가 생각하는 고정된 틀 안에 있지 않고 불규칙과 비일관적인 놀이 패턴 안에 아이는 자신만의 사고를 표현하고 있기 때문입니다.

아이들은 놀이를 하면서 끊임없이 질문합니다. 가능성을 전제에 두고 스스로 질문하며 놀이 안에서 그 가능성을 시험해 봅니다. 직접 경험하지는 않지만 놀이 안에서 가능성을 시험 하면서 옳고 그름, 가능과 불가능을 깨닫습니다. 이것이 바로 미래 사회가 원하는 역량입니다. 세계 최고의 과학 기술 문화 전문 잡지 '와이어드'의

창간자이자 편집장 케빈 캘리는 '이제 인공지능 컴퓨터가 단시간에 답을 찾아낼 수 있을 것이다. 사람이 할 일은 질문을 하는 것이다' 라고 했습니다. 끊임없는 사고와 질문을 통해 비판적 사고력까지 끌어낼 수 있는 놀이가 아이들에겐 핵심 역량이 됩니다.

의사소통능력(Communication)

4차 산업혁명 시대에는 지식의 공유와 네트워킹이 활발해집니다. 타인에게 공감하고 소통할 수 있는 기술이 필수 요소가 됩니다. 우리 아이들은 초중고 시절 혼자 공부하고 암기하는 방식에 길들여졌습니다. 대부분의 교육 현실 속에서 누군가와 지식을 나누고 공유하며 소통하는 기회가 거의 없었습니다. 앞으로 다가올 미래에는 혼자 할 수 있는 수집, 분석, 판단의 알고리즘에 기초하는 일은 사람이 로봇의 능력을 뛰어넘기 어려워집니다. 이 때문에 창의적인 개발을 위해서는 혼자 해결하는 문제보다는 로봇이 따라오기 어려운 공감과 소통의 팀 프로젝트형 일들이 더 많아질 것입니다.

실제로 4차 산업혁명을 주도하는 실리콘 밸리의 스탠퍼드 대학에서는 학생들이 협력해 목표를 달성하는 프로젝트 기반학습을 진행하고 있습니다. 팀은 자기가 모은 수많은 정보와 지식을 함께 나누며 중요한 것을 찾아내고 통합해 그들만의 고유의 공동 목표를 달성해 나갑니다. 여기에서 중요한 것은 그들이 협업할 수 있는 의사소통능력입니다. 다양한 정보를 공유하고 종합하려면 팀원끼리의 소통이 원활하게 이뤄져야 합니다. 소통이 기반이 되지 않으면 한 사람의 독단적 의견에 따라 일이 결정될 수 있고 정보를 효과적으로 사용하는 데도 제한이 되기 때문입니다. 각자가 아는 지식과 정보를 조금씩 모아 공동의 목표를 이루는 운동도 나타나고 있습니다. 앞으로의 교육은 학습자와 교수자의 경계를 허문 새로운 형태의 교육방식이 등장할 것입니다.

의사소통능력의 향상은 NQ(Network Quotient) 지수를 높이면 자연스럽게 따라옵니다. NQ 지수란 사람들과 더불어 잘 살아가는 능력으로 주변 사람과 원만히 소통하는 것이 개인의 발전에도 도움을 준다는 것입니다. 이 NQ가 높은 아이로 자라려면 다른 사람과 이야기를 나눌 기회를 많이 얻음으로써 상대의 마음을 읽는 기술이 필요합니다. 마음을 읽으려면 말하는 사람이 전하는 메시지는 물론 비언어적인 것도 읽어 내야 합니다. 아이들은 처음 경험하는 사회인 가정에서부터 어린이집, 유치원, 학교, 학원에 이르기까지 많은 사람과 접촉하면서 자랍니다. 하지만 그 안에는 일방적 의사소통이 많습니다. '이렇게 따라 해보세요', '이건 이렇게 하는 거야', '내가 가르쳐 준 대로 한번 해봐' 등등입니다. 아이들에게 있어 놀이하는 순간 외에는 대부분 일방적 의사소통을 받아들여야 하는 상황입니다.

놀이는 정해진 정답이 없어서 의견을 내는 데 자유롭습니다. 그 의견이 받아들여지기도 하고 분쟁으로 다투기도 합니다. 아이들이 놀면서 다투는 상황은 자신의 의견을 내고 있다는 매우 긍정적이면서도 자연스러운 현상입니다. 자연스러운 현상에 제동을 걸어 답을 정해주는 것보다는 아이들이 소통을 통해 지혜롭게 극복하는 과정이 필요합니다. 이견을 조율하는 그 과정에는 자기의 생각을 논리적으로 정리해야 하며 말하는 방식, 말투, 기다림 등이 필요할 수 있습니다. 많이 듣고 의견을 나눠가면서 자연스럽게 발달할 수 있는 것입니다. 놀이 안에서 아이들은 미래의 인재로 커나갈 효과적인 의사소통 기술을 습득하게 됩니다.

협업능력(Collaboration)

우리나라에 학생들의 협업으로 탄생한 '나만의 수학교과서'가 있습니다. 대구의 모 고등학교 수학동아리 학생들 9명이 모여 30여 종의 교과서를 한데 모아 한 권으로 만든 것입니다. 수능을 준비하기에도 벅찬 우리나라 수험생이 교과서를 만들 용기를 냈다는 것 자체로도 대단한 일이 아닐 수 없습니다. 고등학교의 교과서는 30여 종, 권수는 56권이 됩니다. 학생들은 학교에서 정해준 교과서 한 종류로 공부합니다. 하지만 수능이 다양한 문제집이 아닌 교과서 위주로 출제된다는 사실을 알고 교과서 분석에 들어간 것입니다. 56권이나 되는 양의 정보를 추리고 선별한 맞춤형 교과서의 탄생에는 9명 학생의 훌륭한 협업이 있었습니다. 독단적으로 행동하거나 토론에 참여하지 않거나 다름을 수용하지 않는 학생이 있었다면 이러한 교과서는 탄생하지 못했을 것입니다. 앞으로는 방대한 지식으로 협업을 통해 선별하고 분석해 창의적 결과물로 만들어 내는 일이 중요해질 것입니다. 이것은 아이들의 놀이와 매우 흡사합니다. 누군가와 함께 놀이하는 자체가 아이들이 경험하는 최초의 협업인 것입니다.

모래놀이

아이들이 바닷가에서 성을 만드는 놀이를 하고 있습니다. 한 명은 모래를 파고 한 명은 물을 퍼옵니다. 다른 한 명은 파 놓은 모래를 쌓아 모양을 만듭니다. 모래를 파던 아이는 움푹 파인 길도 만들기 시작합니다. 그러자 한 아이가 이 길이 바다까지 가게 해보자고 의견을 제시합니다. 그 움푹 파인 길은 수로가 되어 바다까지 이어집니다. 수로 중간중간 터널도 만들어 재미를 더해 봅니다. 수로는 아이들의 상상에 따라 이리저리 구부러지며 바닷가로 닿아 있습니다. 이제 아이들은 수로로 바닷물을 흘려보내고 싶습니다. 몇 번 바닷물을 퍼서 부었지만 물은 모래 속으로 흡수되어 버리고 흐르지 않는다는 문제점을 발견합니다. 아이들이 고민을 시작합니다. 한 명은 물을 한꺼번에 많이 붓자고 제안합니다. 한 명은 페트병을 이어 보자고 제안합니다. 한 명은 비닐을 수로 바닥에 깔자고 합니다. 아이들은 제시된 의견대로 이것도 해보고 저것도 해보며 가장 최적의 방법을 찾아냅니다. 후엔 수로가 통하게 된 그 길에 바닷가의 작은 물고기나 게, 소라들을 잡아 넣어보며 수족관으로 변신시키기도 합니다.

바닷가의 흔한 모래 놀이 안에는 함께 의견을 나누는 것, 문제를 해결하는 것, 새로운 아이디어를 제안해보는 것 등 미래 사회에 필요한 모든 역량을 갖춘 놀이가 있습니다. 부모님들이 바닷가에서 아이들과 모래놀이할 때 어떻게 하시나요? 저런 과정이 이어지나요? 아니면 부모님이 알고 있는 고정된 놀이에서 머무나요? 아니면 옆에서 지켜보고만 계시나요?

컴퓨팅 사고력(Computional Thinking)

아이들이 블록 한 통을 꺼내 마을을 만듭니다. 도로는 도로대로 모아 길을 잇고, 나무 모형도 한쪽에 세워 숲을 만듭니다. 집으로 마을을 만들어내고, 사람끼리 모아서 함께 노는 장면을 만들어냅니다. 이처럼 아이들은 각각의 다른 조각들을 적절하게 사용해 하나의 완성품을 만들어냅니다. 별다른 노력이나 수고가 있는 것 같지 않지만, 이 안에는 아이들만의 조직적인 분류작업이 들어간 것입니다.

컴퓨팅 사고력

     컴퓨터 사고력이란 이런 것입니다. 흩어져 있는 무수한 정보의 조각 중 자신에게 필요한 조각들을 찾아냅니다. 그 조각들을 우선순위대로 배치해 완성된 하나를 만들어내는 것입니다. 하나의 마을을 완성해 나가는 놀이, 레고나 블록 조각을 이용해 자기가 만들고 싶은 것을 만들어내는 놀이, 퍼즐 맞추기 놀이, 숨은그림찾기 놀이, 끝말잇기 놀이, 공통점 찾기 놀이, 마트 놀이, 정리 놀이, 차례 정하기 놀이 등등이 모두 컴퓨터 사고력을 기반으로 한 놀이입니다. 아이가 스스로 관계와 규칙을 찾고 그것을 분류해 조직화할 수 있어야 합니다. 놀이가 그것을 하기 위한 가장 손쉽고 즐거운 방법입니다.

그 외 숙제에서도 체험에서도 아이가 직접 계획을 짜고 우선순위를 정해 진행해 나갈 수 있도록 부모님들은 지지해줘야 합니다. 새로 산 장난감의 설명서를 보고 아이가 직접 만들어 보는 것도 좋은 방법입니다. 정보와 지식의 홍수 속에서 미래를 꿈꿔 나가야 할 아이들이 나만의 고유한 길을 선택해서 유연하게 나아가려면 컴퓨터 사고력을 키워나가야 합니다. 놀이를 그 기반으로 하는 컴퓨터 사고력의 계발은 매우 효과적인 조기 교육이 됩니다.

호기심(Curiosity)

'답정너'라는 신조어가 있습니다. '답은 정해져 있고 너는 대답만 하면 돼'라는 뜻입니다. 이것은 4차 산업혁명 시대를 완벽하게 거꾸로 가는 말이 아닐까 싶습니다. 이러한 신조어가 나타나는 것을 보면 안타까운 현실에 마음이 씁쓸해집니다. 우리 아이들이 사는 시대가 바로 '답정너'를 반영하기 때문입니다. 아이들은 일방적인 교육환경에 노출되어 부모님이나 선생님이 전달해주는 지식과 정보를 일방적으로 받아들여야 하는 상황에서 자랐습니다. 아이들의 다양한 호기심은 '말썽꾸러기', '4차원', '장난꾸러기'라는 부정적 이미지로 굳어져 왔습니다.

지금까지 우리는 평범하고 눈에 띄지 않게 자라는 걸 최고의 미덕으로 여겨왔습니다. 평균이라는 개념에 묻혀 개개인의 특기와 장

93

점이 무시된 채 무리 속에서 조용히 있는 듯 없는 듯 아이가 자라길 바랐습니다. 친구들 사이에서 엉뚱한 이야기를 하는 애는 왕따를 당하기 일쑤였고 수업시간에 질문하는 아이도 수업 흐름에 방해된다는 이유로 눈초리를 받았습니다. 유치원이나 어린이집에서도 세상을 호기심 어린 눈으로 바라보고 행동하는 아이는 문제아로 낙인찍혔습니다. 하지만 정해진 답을 아무런 비판 없이 받아들이는 아이들은 미래를 살아가야 하는 세상에서 로봇에게 자신의 자리를 내어줘야 할 것입니다.

신호등을 건너던 한 초등학생이 얼마 후면 초록색 보행 신호가 빨간색으로 바뀔까 궁금해했습니다. 그러다가 건널 수 있는 시간이 얼마나 남았는지도 궁금해했지요. 남은 시간을 알 수 있다면 사람들은 그 시간에 맞추어 안전하게 길을 건널 수 있다는 생각에 다다릅니다. 이미 우리 주변에 흔히 볼 수 있는 신호등이 숫자나 모양을 통해 남은 시간을 알려주고 있는데 이것은 어느 초등학생의 우연한 호기심에서 비롯된 것입니다. 일상 속의 작은 호기심을 궁금증으로 연결하고 질문을 만들어 스스로 답을 찾아 나가는 과정을 거친 것입니다. 호기심은 4차 산업혁명 시대에 필요한 역량의 최우선이라고 해도 과언이 아닙니다. 아이들의 호기심에서 다양한 질문이 탄생하고 그 질문들이 모여 비판적 사고력이 형성되며 비판적 사고력은 창의력으로 연결돼 컴퓨팅 사고력으로 확장된다고 이야기하기 때문입니다.

전문가들은 물음표로 시작해서 느낌표로 끝나는 일을 하라고 합니다. '어? 이게 뭐지?' 하고 시작해서 '아하! 그거구나'로 끝나는 것입니다. 알베르트 아인슈타인을 성장시킨 것이 바로 '어? 이게 뭐지?'라는 끝없는 질문입니다. 실제로 그가 남긴 어록 중에는 질문과 관련된 문장이 여러 개 있습니다. '올바른 질문을 찾고 나면 정답을 찾는 데는 5분도 걸리지 않는다'라고 이야기했습니다. 그는 어려서부터 다양한 호기심을 갖고 있었기 때문에 스스로 질문을 하는 일이 많았다고 합니다. 다가올 미래는 언제 어디서나 원하는 때에 실시간으로 답을 얻을 수 있습니다. 그래서 정답을 찾는 일은 중요하지 않아졌습니다.

정보를 찾기 전에 먼저 궁금함이 선행돼야 합니다. 아이들은 태어나는 그 순간부터 호기심을 발휘합니다. 누가 막지 않는다면 세상의 가장 호기심 어린 사람은 아이들이라고 이야기할 수 있습니다. 작고 아늑한 엄마 배 속에 있다가 세상에 나온 아이들은 온 세상 천지가 신기합니다. 처음에는 세상의 모든 것들을 다 먹어 볼 요량으로 입의 감각을 이용합니다. 움직임이 가능해지면 만질 수 있는 모든 것을 만지고 꺼내 놓습니다. 놀이라는 것을 시작하면서 아이들은 단순한 감각적 호기심을 벗어나 마치 꼬마 과학자라도 되는 양 다양한 시험들을 해봅니다.

높은 곳에서 뛰어내려 보기, 블록을 높게 높게 쌓아보기, 던져보기, 떨어뜨려보기, 장난감 자동차를 밀어서 속도 가늠해보기, 공을 종류대로 튕겨보기, 물감 섞어보기, 자기 마음대로 종이 접어보기, 바닥에 낙서해보기, 이것저것 잘라보기, 어디든 올라가보기, 돌멩이 모으기, 나뭇잎 모으기 등등 일상 속 헤아릴 수 없이 많은 놀이가 아이들의 호기심에서 비롯된 것입니다. 부모님이 보기엔 답이 정해져 있는 그 일의 결과를 알기에 아이들 놀이를 편안한 맘으로 지켜봐 주기가 어려우리라 생각합니다. 하지만 그것이 바로 호기심의 기초입니다. 제한받지 않은 호기심은 계속해서 그 가지를 뻗어 나갈 수 있습니다. 아이들은 실제가 아니라 놀이를 통해서 그 호기심에 질문을 던지고 답을 찾아 나갑니다.

조립 장난감

아이들에게 흔한 로봇 조립 장난감이 있습니다. 완벽하게 조립된 멋진 상태의 장난감을 샀습니다. 가지고 놀다 보면 몸통, 팔, 다리, 무기들이 따로 돌아다니기 시작합니다. '이건 어떻게 끼우지?' 궁금증을 가지고 하나하나를 살펴봅니다. 어떤 아이는 바로 부모님께 들고 와 끼워달라고 요구하기도 있습니다. 그간 부모님이 아이에게 많은 답을 주었기 때문일 수 있습니다. 그렇지 않은 경우는 계속 살펴봅니다. 맞춰야 하는 부분을 찾는 것입니다. 모양이 엇비슷하게 맞을 것 같은 것을 끼워 봅니다. 한 번에 잘 끼워지진 않을 것입니다. 여기저기 끼워가며 드디어 자리를 찾아냅니다. '아하, 여기구나!'라고 아이는 답을 얻어냅니다. 정해져 있는 자리를 찾아내는 일을 마친 아이는 '그럼 다리를 팔에 끼우면 어떻게 되지?'라며 호기심을 갖습니다. '다리처럼 긴 팔은 어떨까?' 궁금증을 갖게 된 것입니다. 다리를 팔에 끼우려고 하지만 쉽지 않습니다. 낑낑거리다 얼마 전 엄마가 테이프를 이용해 종이를 붙였던 걸 생각해 냅니다. 아이는 테이프를 칭칭 감아 몸통과 다리를 연결합니다. 튼튼한 다리를 팔에 이으니 로봇은 마치 팔이 긴 오랑우탄처럼 생겼다는 걸 깨닫습니다. "내가 만든 건 오랑우탄 로봇이야!"라며 이름까지 지어줍니다.

어떠신가요? 궁금증에서 시작한 하나의 놀이가 오랑우탄 로봇이라는 새로운 로봇을 만들어냈습니다. 우리 아이들이 자라나는 지금은 답을 찾는 과정이 아니라 호기심을 토대로 자신만의 답을 찾아내는 것이 중요한 때입니다.

우리 아이의 학습 방향

우리 아이의 교육과 학습은 4차 산업혁명 시대에 가장 주목해야 할 분야입니다. 특히 직업의 형태와 가치에 대한 변화를 고려해야 합니다. 학교와 가정에서의 교육도 이런 변화에 맞춰나가야 함은 물론입니다.

교육이 변화돼야 하는 이유

4차 산업혁명 시대에는 인간과 기계가 협업합니다. 인공지능은 지식을 제공해 문제를 해결하는 역할을 하고 인간은 창의적인 사고로 실문 하거나 문제를 만드는 일에 주력해야 합니다. 수년 전 알파고와 이세돌의 바둑대결에서 알 수 있듯이 인공지능과의 경쟁은 무의미해졌습니다. 미래에는 정답이 있는 문제를 해결하려고 인공지능과 경쟁하는 사람은 없을 것입니다.

데이터를 기반으로 분석하는 일, 반복적이거나 알고리즘이 분명하게 정해져 있는 일은 인공지능에 의해 대체될 가능성이 큽니다. 예를 들어 콜센터 고객 상담원, 생산 및 제조 관련 단순 종사원, 의료 진단 전문가, 금융 사무원, 창고 작업원, 계산원 등은 4차 산업혁명 시대에 사라질 직업 1순위입니다. 이미 은행 직원이 없는 온라인 은행들이 등장하고 소액 결제나 이체 등이 모바일로 대체되고 있습니다. 최근엔 공인인증서 없이 지문이나 홍채 인식만으로도 은행 업무를 볼 수 있으며 상대방의 계좌 번호를 몰라도 모바일을 통한 이체가 자유로워 은행 직원의 입지는 점점 줄어들고 있습니다. 금융계에서 인공지능 로보어드바이저는 고객의 투자성향, 목표 등을 빠르고 정확하게 분석해 투자 조언을 하고 있습니다.

이는 지금 고수입 전문직인 의사에게도 위협을 줍니다. IBM의 왓슨이 의사보다 CT 이미지를 보고 폐암을 더욱 정확히 진단할 수 있다고 이야기하고 있습니다. 수많은 이미지와 정보를 분석해서 판단 내리는 일은 인공지능이 더 잘하는 일이기 때문입니다. 특히 스마트폰과 연동된 웨어러블 기기들은 심박수, 스트레스 지수, 산소포화도 등 다양한 것을 측정할 수 있으며 앞으로 혈당, 혈압, 콜레스테롤 수치도 간편하게 측정될 수 있다면 의학계의 진단 전문가의 역할이 변화됩니다.

계산원 역시 최근 무인화 시스템으로 변화 중입니다. 대형마트도 무인화 셀프 계산대가 있고, 카페나 식당도 키오스크 시스템을 사용해 주문과 결제를 기계가 담당하고 있습니다. 주차장은 어떨까요? 자동 인식된 차량은 정확히 입차 시간과 출차 시간을 표기해 주차 요금을 징수합니다. 무인 속도 측정기와 무인 주차 단속 카메라로 불법 차량에 대한 세금을 징수하기도 합니다.

인공지능과 로봇이 하는 일이 늘어나고는 있지만 정형화되지 않은 일이나 복합적인 일은 인공지능이 대체하기가 어렵습니다. 새로운 것을 탐구하는 연구개발이나 인간의 감성이 필요한 창작이 이러한 예가 될 수 있습니다. 전형적인 플롯을 입력해 글을 쓰는 일은 지금도 인공지능이 하고 있기는 합니다. 하지만 상상력을 요구하는 새로운 형태의 이야기를 창작하는 것은 여전히 인간의 영역으로 남게 될 가능성이 큽니다. 인간의 감성에 기초한 예술 관련 직업은 자동화 대체 확률이 상대적으로 낮기 때문입니다.

고용정보원 '4차 산업혁명 미래 일자리 전망'이라는 보고서에서는 사물인터넷 전문가, 인공지능 전문가, 빅데이터 전문가, 가상현실 전문가, 3D 프린터 전문가, 드론 전문가, 생명공학자, 정보보호 전문가, 응용소프트웨어개발자, 로봇공학자를 유망 직업으로 안내하고 있습니다. 결국, 미래에 노동은 인간과 기계가 각자 자신의 강점을 살려서 협동하는 방향으로 전개될 것입니다. 미래에 필요한 인재상이 달라진다면 미래의 인재를 키워내는 교육의 방향도 달라져야 합니다.

공교육의 변화

미래에는 장소에 구애받지 않고 언제 어디서나 학습이 가능해질 것입니다. 학교에 매일 출석하는 수업은 줄어들고 온라인 교육이나 재택 학습, 탐방 학습 등이 늘어날 것입니다. 이에 따라 교사의 역할도 크게 바뀔 것입니다. 지금처럼 지식을 전달하는 일은 인공지능이 더욱 잘할 것이기 때문입니다. 최근 선진국에서는 플립러닝(Flipped Learning)이 기존 교육을 대체할 것으로 예상하고 시범적으로 진행하고 있습니다. 플립러닝은 교사가 올려놓은 강의 자료를 온라인을 통해 선행학습을 한 뒤 학교에 출석해 교사와 토론식 수업을 하는 것입니다. 그동안 우리가 학교에서 배우고 집에 와서 복습하는 시스템과는 반대되는 것입니다. 지식을 체계적으로 배우는 일은 인공지능에 맡기고 교사는 배운 지식을 토대로 아이들과 새로운 가치를 창출해 내는 것입니다.

평생교육과 평생학습의 사회

미래에는 기술이 생겨나고 사라지는 주기가 짧아짐에 따라 평생 배움을 지속해야 하는 사회가 됩니다. 지식을 학습하는 것이 아니라 궁금한 것이 어떤 것인지 알고 어디에서 어떻게 그 정보는 찾을 수 있는지 아는 활동이 더욱 중요해질 것입니다. 모아온 지식을 선별하고 자신의 목적에 맞도록 적절히 활용하는 일도 필요합니다.

교육 체제의 변화

교과 간, 학문 간 융합이 중요해질 것입니다. 개념과 원리는 암기하기보다는 정보를 토대로 실생활에 적용할 수 있도록 아이디어를 만들고 공유할 수 있는 교육 체제로 변화됩니다.

정보의 생산가, 전달자, 소비자의 변화

4차 산업혁명 시대에는 정보의 생산자, 전달자, 소비자의 경계가 사라질 것입니다. 누구나 정보를 생산하고 전달하며 소비할 수 있어 학습에 대한 개방성과 유연성이 중요해집니다. 또한 양질의 정보를 생산하는 정보윤리의식이 중요해집니다.

빅데이터를 활용한 맞춤형 교육

등교 시에는 생체인식 카드로 자동 출석이 이뤄지고 수업은 홀로그램 영상으로 진행됩니다. 디지털 교과서를 보는 아이들의 모습이 자연스럽습니다. 아이들은 각자의 학업 성취도에 따라 개인별 학습을 합니다. 쉬는 시간 아이들이 화장실을 이용하면 소변 속 화학성분이 자동 분석돼 건강 이상 유무도 확인됩니다.

이러한 학교 모습이 이제는 미래의 모습이 아닙니다. 사물인터넷, AI, VR, AR과 같은 테크놀로지가 모두 교육에 적용돼 맞춤형 학습이 이뤄질 학교의 모습입니다.

4차 산업혁명 시대 놀이가 답이다

4차 산업혁명의 시대에 필요한 능력이 무엇인지 사회는 어떻게 변화되는지 알면 알수록 지금의 학습이 흐름을 역행한다는 생각이 들 것입니다. 창의력, 호기심, 의사소통능력, 협업능력, 비판적 사고력, 컴퓨팅 사고력, 이러한 것들을 위한 새로운 사교육의 장으로 아이들을 보내면 능력들이 길러질 수 있을까요? 정답은 부모님들이 잘 알고 계실 것입니다.

마시멜로 게임

마시멜로 게임이라고 아시나요? 4명이 한팀이 돼서 건축물을 만든 후에 그 꼭대기에 마시멜로를 올리는 게임입니다. 준비물은 스파게티면, 테이프, 실을 이용하고 가장 높게 쌓은 팀이 승리합니다. 외국에서도 우리나라에서도 이 게임은 협동 작업으로 많이 활용되고 있습니다. 어른, 학생, 어린아이 할 것 없이 남녀노소 가리지 않고 할 수 있는 게임입니다.

이 게임에서 가장 탑을 잘 쌓은 팀은 누구였을까요? 대학생? 변호사? 지각조직력이 우수한 사람? 남자? 이 탑을 가장 잘 쌓은 팀은 바로 유치원생이었습니다. 물론 건축가라면 가장 높게 쌓았겠지만, 일반적인 전문직이나 대학생들과 비교했을 때는 유치원생이 가장 높았습니다.

유치원생들은 높이와 구조에서 모두 독특한 방식을 나타냈습니다. 아이들은 탑을 쌓는 과정에서 이런저런 계산을 하지 않습니다. 무너질 것에 대한 실패를 두려워하지도 않았고요. 잘되지 않을 때는 즉각적으로 다른 방법을 사용해 다시 해볼 힘도 가지고 있었습니다. 반면 어른들은 머리로 열심히 계획을 짭니다. 모두 가진 지식을 토대로 이견을 조율하는 데 너무 바쁩니다. 실패하지 않으려면 구조부터 튼튼해야 한다는 생각에 서로 주도권 다툼을 하며 계획을 짜기에 여념이 없습니다. 그 사이 아이들은 벌써 몇 번의 실패를 경험하며 높은 탑을 쌓았습니다. 이것이 바로 아이들에게는 놀이였던 것입니다. 아이들은 놀이로 탑 쌓기에 접근했고 어른들은 성취해야 할 일로 탑 쌓기에 접근했을 것입니다.

아이들에게 놀이는 삶 그 자체기 때문에 놀이와 학습을 별개로 보지 않습니다. 놀이는 아이가 배우는 모든 것과 관계가 있습니다. 놀이하는 방법은 그리 어렵지 않습니다. 모든 열쇠는 아이들이 가지고 있으므로 부모님은 그 열쇠를 사용할 기회만 주면 됩니다.

자유롭고 충분한 시간

아이들이 놀이를 시작하자마자 몰입해 창의적인 생각을 하고 호기심을 발동시키며 자신만의 세계를 만들기는 어렵습니다. 놀이를 시작하면서 아이들도 누구와 무엇으로 어떻게 놀지 탐색하는 단계를 거칩니다. 결정한 후에는 놀이에 참여하며 점점 놀이 세상에 빠지는 단계에 이릅니다. 처음 생각하고는 다르게 놀이가 계속 확장되면서 다른 요소들이 첨가되기도 합니다. 온전히 새로운 놀이 세상을 만들어내는 중입니다. 이때 부모님은 아이가 충분히 놀이에 빠져들 수 있도록 시간을 보장해줘야 합니다. "10분만 놀고 나가자", "30분만 놀고 학원 가자" 같이 짧은 시간제한은 아이들이 탐색만 하다가 놀이를 중단하게 될 가능성이 매우 큽니다. 오늘 한번 시간을 점검해보십시오. 우리 아이가 마음껏 놀 수 있는 시간이 하루에 몇 시간이나 확보되는지 말입니다.

자발적 참여

"어떻게 놀아줘야 하는지 모르겠어요"

-〉 놀아주지 않아도 됩니다. 아이가 놀이하는 것에 보조만 맞춰주십시오.

"제가 이렇게 알려주면 아이는 놀면서 배우는 것 아닌가요?"

-〉 놀면서 지식을 전달하는 것은 놀이를 방해하는 큰 걸림돌입니다. 우리가 생각한 고정된 지식이 아이들의 유연성을 제한시키기 때문입니다.

"아이가 놀 줄을 몰라 제가 알려줘야 해요"

-〉 못 노는 아이는 없습니다. 아이들이 스스로 놀 기회를 제공해주지 않기 때문입니다.

"우리 아이는 이런 건 안 가지고 놀아요"

-〉 아이들은 놀이 안에서 한정적으로 사고하지 않습니다. 다양한 놀잇거리와 다양한 사고가 결합합니다. 아이들이 좋아하는 장난감 싫어하는 장난감을 구별하는 것 자체가 아이들을 획일적인 사고에 가둬두는 것입니다.

"같은 방식으로만 놀면 창의성이 떨어지지 않을까요?"

-〉 아이들이 같은 방식으로 노는 것은 그 놀이에 익숙해지고 완전히 숙달시키는 과정입니다. 어른들은 금방 그 놀이가 익숙해져 싫증 날 수 있지만 아이들은 그렇지 않기 때문입니다. 완전히 익숙해진 다음엔 완전히 새로운 형태로 변화할 수 있으니 기대해보십시오.

"아이 하는 대로만 두면 놀이가 중구난방이 돼요"

-〉 하나씩 꺼내서 놀다가 다 놀고 나면 다시 넣어 놓으라는 주문을 아이들에게 종종 합니다. 아이들이 흥미 위주로 장난감을 꺼내 놀다 보면 집안이 엉망이 되기 때문입니다. 하지만 창의성은 새로운 것의 결합으로 이뤄집니다. 아이들은 각가지 장난감을 늘어놓고 놀아보며 새로운 발견을 합니다. 블록을 꺼냈으니 블록만 갖고 놀라는 것은 블록의 작은 조각만큼의 생각만 하라는 것입니다.

"놀이는 안 하고 맨날 꺼내 놓기만 해요"

-〉 발달 과정상 꺼내는 것과 누르는 것 자체가 놀이가 되는 시기도 있습니다. 지갑 속 카드를 하나씩 다 빼보는 것, 책장의 책을

다 꺼내 놓는 것, 주방에 조리도구를 다 꺼내는 것 등 말입니다. 이
것은 그 아이가 자신의 발달 과정에 따라 놀이를 하는 중이라고 생
각하시면 됩니다.

잘 놀아야 한다는 생각에 놀이를 과제처럼 생각하는 것도 금물
입니다. 부모님은 놀이를 통해 뭔가를 이뤄주려고 애씁니다. 부모
님의 그러한 과정에서 아이들은 놀이에 자발성을 잊어버립니다. 놀
이를 스스로 하기보다 엄마가 하자는 방식대로 하고, 제안하는 놀
이를 따릅니다. 틀린다고 이야기하면 수정해야 하기도 합니다. 엄
마가 모델링을 보여주는 놀이가 더 재미있어 보여서 자신의 놀이를
중단한 채 엄마가 노는 것에 빠져 버리기도 합니다. 하지만 자발적
인 활동이 아니라면 놀이를 지속하기 어려워집니다. 깊이가 달라지
는 것입니다. 놀이가 깊이 있게 이뤄지지 않으면 그건 단지 놀잇거
리는 조작하는 형태에 그치고 말 것입니다.

재미

놀이는 무조건 재미있어야 합니다. 실패하는 것도 좌절하는 것
도 재미를 기반으로 하면 이겨 낼 수 있습니다. 놀이를 하면 활동하
면서 성취감도 이룰 수 있고 자기가 해낸 것에 대한 자신감도 생기
며 정서적으로도 긍정적인 요소를 많이 체험합니다. 하지만 이것은
놀이를 하다가 얻어지는 결과일 뿐이지 그것을 목적으로 놀이를 해

서는 안 됩니다. 목적이 있는 행동에는 자연스러운 몰입이 어려워지고 놀이 본연의 가치가 훼손되기 때문입니다.

적절한 반응

아이들은 친구나 부모님의 적절한 반응이 있을 때 더 놀이를 잘할 수 있습니다. 친구들이 "와, 그거 재미있겠다", "나도 같이하자", "이렇게 하면 돼?"라는 말을 하면 아이는 더욱 신이 나서 그 놀이에 집중합니다. 부모님들이 "이거 하고 있었구나", "재미있어 보이네", "그런 생각을 해냈구나!", "이야, 엄청 애써서 만들었네", "우아!"라는 반응을 해주면 아이는 자기가 하는 일에 자신감과 뿌듯함을 갖게 되고 너 얼성석으로 놀이할 수 있습니다. 이 반응이 지나치면 오히려 역효과를 내기도 합니다.

"이렇게 하는 것보다 이렇게 하는 게 낫지 않을까?"(제안)
"인형을 때리면 안 되지!"(제한)
"이건 뭐야?"(질문)
"이거 재미있겠다. 이거 해보자"(방해)
"이 놀이 다 안 했잖아"(흐름 끊기)
"그거 여기에다가 끼워봐"(안내)
"자, 이리 와서 엄마가 한 거 봐"(주도)

이런 식의 개입은 놀이가 자유롭지 못하게 되며 아이의 놀이에 방해됩니다.

신체적 활동

아이들은 몸놀이를 하면서 현재의 감각에 집중해 감각을 이해하고 통합할 수 있습니다. 신체의 움직임은 뇌 발달과 관련이 있어서 잘 노는 아이들이 뇌의 발달도 훨씬 원활하게 이뤄집니다. 하지만 요즘은 아이들의 신체적 활동이 절대적으로 부족한 시대에 살고 있습니다. 학교까지의 거리가 짧아서 아이들이 걸어 다니는 일이 적습니다. 유치원이나 어린이집은 통학버스를 이용하기도 합니다. 체육시간이나 운동시간은 아이들의 안전과 위생 등의 문제로 점점 축소되고 있습니다.

사교육을 통해 하는 신체적 활동은 아이들이 자발적으로 하는 것이 아니라 시키는 것을 따라 하는 것입니다. 그것도 순서와 규칙에 따라 이뤄지기 때문에 지속적인 신체 활동이 이뤄지지 않습니다. 가정에서는 층간 소음 때문에 마음껏 움직일 수 없습니다. 놀이터에는 노는 아이들이 없어서 놀고 싶은 마음이 들지도 않습니다. 길거리는 차량이나 기타의 위험 때문에 아이들이 얌전히 다녀야 합니다. 무엇보다도 아이들이 신체놀이를 흠뻑 할 만큼의 시간이 주어지지 않습니다.

모든 발달은 균형이 이뤄나갑니다. 인지적 발달만, 사회성 발달만, 정서적 발달만, 신체적 발달만 이뤄지지 않습니다. 어느 하나라도 균형이 이뤄지지 않으면 다른 발달에도 악영향을 끼쳐 아이들은 건강하게 성장할 수 없습니다. 우리나라에서는 인지적 발달에 대한 과도한 집중이 놀이의 중요성 자체를 축소하고 놀이마저도 교육적 의미로만 접근하려는 경향이 있습니다.

4

평생 공부력을 키우는
부모놀이

부모자녀 관계가 학습력을 높인다

'나는 우리 아이 공부보다 인성을 더 중요하게 생각해요'
두 가지 함정

부모님과 상담 시 "공부하는 것은 어때요?"라고 묻곤 합니다. 요
즘은 "인성이 중요하죠. 공부는 어릴 때부터 하라고 강요하지 않아요"
라고 대답하는 경우가 많아졌습니다. 내 아이가 바르고 건강한 아이
가 되기를 바라는 마음과 아이가 좀 더 행복하게 자랐으면 하는 마음
이 크기 때문일 것입니다. 그런데 여기에는 두 가지 함정이 있습니다.

부모님이 공부에 대한 절대적인 기대를 버리지 못한다는 점과 아이의 입장에서는 공부에 대해 생각지 않다가 막상 공부를 시작하려니 너무 두렵고 막막한 상태가 되어 버린다는 점입니다.

9살 난 남자아이를 키우는 제 친구도 "지금 안 시켰다가 자신 감이라도 떨어지면 어떡하지?" 하고 제게 물어본 적이 있었습니다. 종일 액체괴물을 만들며 노는 아이를 바라보며 답답하고 불안해져서 한마디 할까 싶다가도 잔소리를 꿀꺽 삼켰고, 참기가 어려울 정도에 이르면 "너 정말 한심해 보여"라고 자존심 상하는 말을 뱉어버리고 후회했습니다. 아이를 붙잡고 공부를 시키는 것이 심리적 안정감을 위해 나을지도 모르겠다는 생각마저 들었습니다. 많은 부모님들이 제게 이렇게 반문하실 것입니다.

"나는 공부를 대단하게 잘하라는 얘기가 아니에요. 그저 빈둥거리지 말고 뭔가 할 일을 하고 놀라는 뜻이지요. 그게 뭐가 문제가 되나요?"라고 말입니다. 맞습니다. 저 역시 그렇게 생각했고, 제 아이가 할 일을 한 후에 놀고 있는 모습을 상상하고 기대했으며, 심지어 내가 상담하는 아이들도 이러한 마음을 빨리 갖도록 고대하며 부모님과 동맹을 맺었을지도 모르겠습니다.

정반대의 사례도 있습니다. 내담자 중 한 분은 공감적이고 온화한 성품에 아이가 훗날 하고 싶은 일을 하고 즐겁게 살도록 하려고 공부보다 삶에서 다른 더 중요한 것들을 배우기를 희망했습니다. 그래서 주변 엄마들의 핀잔과 압박에도 꿋꿋하게 견디며 "괜찮아,

더 중요한 것이 있어"라며 자신을 다독였다고 합니다. 그러던 어느 날 그 아이가 입시 준비를 앞두고 어머니에게 말합니다. "엄마 때 문에 다 망했어. 다른 애들은 선행이다 뭐다 죄다 했는데, 그 애들 을 어떻게 따라가냐고"라고 말입니다. 엄마는 억울할 수밖에 없습 니다. 아이가 행복한 길을 찾아주고 싶어서 흔들리는 마음을 부여 잡으며 놀게 해줬는데, 이제 와 원망이라니요. 그리고 아이를 놔두 면 알아서 제 밥그릇을 찾는다는 옛 어른들의 말은 이제 통하지 않 는 것일까요? 그러다가도 아이에게 너무 미안한 마음이 들어 지금 이라도 어떻게 방법이 없을까 상담 센터를 방문하셨습니다.

무엇이 문제였을까요? 내담자의 자녀를 불러 상담했을 때 "모 르겠어요. 논 것 같지는 않은데요"라고 말했습니다. 학업에 대한 스 트레스가 없었을 텐데 논 것 같지 않다고 해서 무슨 말인지 아이에 게 다시 물었습니다. 어머니가 공부하라고 강요하지는 않았지만 늘 혼자서 TV를 보거나 휴대폰을 했다고 합니다. 무엇보다 항상 '성적 이 나쁜데 나중에 뭘 할 수 있을까?'라는 걱정이 있었다고 합니다. 그래서 제가 "TV 보고 휴대폰 한 것은 논 것이 아니었나 보다"라고 하니까 "모르겠어요. 그냥 할 일이 없어 시간을 보낸 거 같아요. 놀 았다는 느낌은 모르겠어요"라고 말했습니다.

무엇이 문제였을까요? 우리는 자녀의 공부를 아예 놓아야 할까 요? 아니면 경쟁에서 살아남기 위해 사회가 요구하는 대로 해야 할 까요? 이 내담자의 자녀는 공부하지 않더라도 늘 공부의 압박을 받았다고 했습니다. 주변 분위기가 신경 쓰였고 공부를 잘하고 싶은 마음도 있었습니다. 그래서 더 힘들었다며 고등학교 3학년 문턱에서 이제 어떻게 해야 할지 몰라 울었습니다.

　두 이야기 모두 '관계'가 빠져있다는 데 문제 지점이 있습니다. 아동발달이론가인 위나캇이 말하기를, 아이들이 부모님의 얼굴을 바라볼 때 '자기를 본다'고 했습니다. 아이들은 부모님들의 시선을 통해 자기 존재를 갖게 된다는 이야기입니다. 부모님이 따뜻한 시선과 말로 품으로 자녀를 바라보는 과정에서 아이들은 '나'라는 사람을 알게 됩니다. 그렇기에 아이들에게 부모님은 아주 커다랗고 뭐든 다 알고 있는 대단한 사람처럼 보입니다.

　우리는 유치원에 다니는 아이들에게조차 "학습지를 먼저 하고 노는 것이 너한테 좋아", "친구들한테 그러면 안 돼", "좀 가만히 있어", "엄마 말을 잘 들어야지"라고 당연히 말했을 수 있습니다. 왜냐하면 이 말들은 훗날 아이를 위한다면 당연한 말이기 때문입니다. 어렸을 적 부모님이 "엄마 말 잘 들으면 자다가도 떡이 나와"라고 했습니다. 실제로 어른이 되고 결혼하고 아이를 키워보니 그 말이 사실이었습니다. 부모님은 지혜가 있고 무엇이 옳은지 그른지 경험과 직관으로 알고 있습니다. 그래서 아이들은 뭐든 다 알고 뭐든 다 해결할 수 있는 부모님에게 묻습니다. "제가 괜찮은 사람인가요?"라고 말입니다. 제발 자신이 괜찮은 사람이기를 바라면서 말입니다. 하지만 우리는 "맞아, 너는 정말로 괜찮은 사람이야"라고 대답하기보다 "음, 괜찮은 사람이 되려면 잘 씻어야 해. 그리고 줄도 잘 서야 하고, 공부를 열심히 해야 하지"라고 말합니다. 그래서 아이들은 공부가 하기 싫지만 백 점을 맞고 싶어 합니다.

분리불안 증상을 보였던 초등학교 4학년 여자아이는 상담 도중 뜬금없이 이런 말을 했습니다. "저는 틀리면 안 되는 줄 알았어요. 그래서 틀리면 너무 무서웠어요. 혼날까 봐요. 그리고 백 점 맞으면 엄마가 기뻐하시니까요"라고 말입니다. 그때 그 아이 어머니는 제가 알기에 자녀의 수학이나 국어 성적보다는 열심히 하는 태도에 더 관심이 많았던 분이었습니다. 그런데 오히려 아이는 늘 틀릴까 봐 전전긍긍하며 12시 넘어서까지 문제집을 푸는 것으로 어머니와 실랑이를 하는 일이 많았습니다. 희한한 일입니다. 부모님은 성적에 관심도 없는데, 왜 아이는 그렇게 점수에 연연했을까요?

이러한 질문은 상담 도중 부모님께 종종 받기도 합니다. 부모님의 시선 때문이라고 생각합니다. 은연중에 학습 장면에서 나타난 부모님의 아쉬워하는 표정, 나지막한 한숨 소리, 답답한 말투를 아이들은 자신의 것으로 받아들이기 때문입니다. 내가 아쉬운 사람이고 실망시킨 사람이고 답답하고 뭔가 잘못한 것 같은 사람이 되는 것입니다. 공부할 때 잠시 딴생각을 하는 아이를 보면, 갑자기 문제 풀다 말고 '그런데요'로 시작해 엉뚱한 질문을 하는 아이를 보면, 레고를 3시간씩 집중하지만 학습지 한 장 풀자고 하면 한숨부터 쉬는 아이를 보면, 잠도 자지 않고 책을 수십 번 읽어달라는 아이를 보

115

면, 이상하게 나쁜 것만 골라서 먹겠다는 아이를 보면, 퇴근하고 왔는데 인사도 안 하고 스마트폰만 하는 아이를 보면, 동생에게만 소리 지르고 물건을 빼앗는 아이를 보면, 갑자기 이유도 없이 투정을 부리는 아이를 보면, 부모님은 어떤 시선으로 아이를 바라보시나요? 아이의 무엇을 보고 계신가요?

위니캇에 따르면 부모님의 시선을 Look into, Look at으로 표현했습니다. Look at은 사회적 기준의 시선으로 바라보는 것입니다. 즉, 우리가 당연시하는 것들입니다. 매사 규칙을 잘 지키며 다른 사람들을 배려하고 자신의 역할에 최선을 다하며 성실하게 일하거나 공부하는 정도를 말합니다. 아이가 드러내는 태도가 부모님의 마음에 흡족하면 좋은 시선으로 보는 것이고 부모님의 마음에 들지 않으면 별로 좋지 못한 시선으로 바라보는 것이 Look at입니다.

"말대꾸하지 마. 어른이 말하면 들어야지. / 우리 아들 참 잘하지. 그런데 조금 더 열정을 가졌으면 좋겠어. / 아빠 어렸을 적에는 안 그랬어. 지금은 세상 풍족한 거야. / 다 해주잖아. 공부만 하면 되잖아. / 얘가 왜 그렇게 욕심이 많니. 베풀 줄도 알아야지. / 우리 아이는 착해. 너무 착해서 걱정이야. / 그렇게 해서 뭐라도 해 먹겠냐? / 현실이 얼마나 힘든데. 네가 돈을 벌어봤니? 그러니 열심히 해야지. / 엄마는 네가 건강했으면 좋겠어. 그래도 할 일은 하고 놀아야 하지 않겠니? / 그래야 예쁜 아이지. / 울지마. 왜 울어. 네가

뭘 잘했다고."

Look at으로 바라보게 되면, 아이들은 부모님의 기분을 맞추려고 노력합니다. 그리고 자기의 행동이 옳은지 그른지 구분하려고 합니다. 드러나는 행동에 초점을 맞춰 자책하거나 열등감에 빠지게 될 수도 있습니다. 또 열심히 해서 칭찬과 인정을 받는다 해도 만족스럽지 못하고 칭찬을 받지 못하면 불안하고 기분이 좋지 못하고 더 열심히 하지만 공허한 마음이 들게 됩니다. 아이들은 자신이 생각한 세상이 아니라 부모님이 정해놓은 세상을 바라보게 됩니다. 세상은 각박하고 험난하며 두려운 곳으로 자신이 무엇을 어떻게 해도 힘든 곳이 돼버립니다. 그래서 뚜렷이 뭔가 하고 싶은 것이 없더라도 막연히 공부를 잘하지 못하면 그 두려운 세상에서 살아남을 만한 무기가 없는 것 같아 늘 불안해하고 걱정합니다. 항상 경쟁에서 질 것 같고, 지금은 괜찮더라도 언젠가 인생이 망해버릴 것 같은 두려움이 들기 때문에 어떻게든 살아남아야 한다고 생각합니다. 그렇게 아이들은 자신만의 세상을 잃어버리고 부모님이 바라본 세상을 가져오게 됩니다. 그러니 작은 세상이라 불리는 학교를 들어가게 되면, Look at의 시선을 당한 아이들은 친구 관계나 학업, 학교생활 등 모든 것이 경쟁이 되고 성취해야 할 과제로 여겨지게 됩니다. 잘하는 아이는 잘하는 대로, 적응이 어려운 아이는 어려운 대로 늘 부담스럽고 좌절하며 뭔가 잘못한 것 같은 느낌에 허우적대며 부모님에게 물어봅니다. "제가 지금 진짜 괜찮은 건가요?"

대안은 Look into의 시선으로 우리 아이들을 바라보는 것입니다. 부모의 Look into의 시선으로 공감받은 아이는 세상이 두렵지 않고 경쟁 속에서도 자신이 경쟁하고 있다고 생각하지 않습니다. 왜냐하면 이 아이들은 창조적인 능력을 Look into의 시선으로 부모님에게 받았기 때문입니다. "아이의 창의력을 키워주고 싶은데 뭘 시키면 좋을까요?", "우리 아이의 성향에 맞는 적성을 찾으려면 뭘 시켜야 좋을까요?"라는 질문을 자주 받습니다. 저는 "처음으로 아주 귀한 보물을 발견한 것 같이 늘 바라보세요. 돈도 안 들고 창의력이 키우는 방법입니다"라고 대답합니다. 만약 이 말이 모호하다고 생각되신다면, '네가 지금 무슨 말을 하는 지 한번 들어볼까?'라는 시선으로 바라봐주십시오. 그러면 아이들은 비로소 자신을 발견하고 그 아이만의 창조성이 발달하게 됩니다.

그렇다면, Look into로 자신을 발견하는 것과 학습력이 도대체 무슨 상관일까요? 위니캇에 따르면, 아이들이 부모의 얼굴을 바라본다는 것은 부모님의 얼굴에 비친 자신을 보는 것입니다. 그런 어머니나 아버지가 나를 우주 여행하다가 발견한 새로운 행성을 보듯이, 세상 처음 보는 귀한 물건을 보듯이 내 말 하나하나에 집중하고 고개를 끄덕이며 맞는 말이라고 맞장구 쳐줬을 때 아이는 무슨 생각을 할까요? 자신을 어떻게 느낄까요? 누군가가 세상에 나밖에 없는 것처럼 집중하고 바라보며 내 말 하나하나가 중요하며 자신에게 큰 기쁨이 된다는 사실을 말해준다면 기분이 어떨까요? 이럴 때 아이들은 자신이 어떤 사람인지, 자신이 원하는 것은 무엇인지 알게 됩니다. 부모님이 요구가 아닌 자신이 무엇을 원하는지 알게 되면서 창조적인 능력, 즉 뭔가 만들고 싶고 뭔가 해내고 싶고 뭔가 자신을 드러내고 싶은 마음을 얻게 됩니다. 얼마나 행복한 일일까요? 그 과정이 얼마나 즐거울까요? 이때의 공부는 알고 싶은 욕구를 해소하는 공부이기 때문에 피로하지도 않습니다.

Look into로 존재를 인정받는 아이들은 늘 입가에 미소가 있습니다. 그리고 문제를 두려워하지 않습니다. 자신이 무엇을 원하는지 분명하게 알고 있기 때문에 선택에 따른 시행착오가 적습니다. 실패하더라도 본인 입장에서는 실패가 아니므로 실패를 두려워하지 않습니다.

부모님이 자신의 이면을 알아주니까 그 아이도 다른 사람의 이면을 볼 수 있는 능력이 생깁니다. 우리가 어렸을 적에 그냥 알았던 것들을 요즘에는 설명해줘야 하는 일이 많아졌습니다. 다른 사람들이 보이는 행동의 이면을 잘 보지 못하기 때문입니다. 이것은 나이와 상관없는 것이라 3살만 돼도 알게 되는 것들도 있습니다. 한 예로 아이스크림을 들고 있는 3살 아기 옆에서 "아이스크림 맛있겠다" 하면 "너도 먹어 볼래?"하고 주는 시늉을 하는 것과 같은 말입니다. 하지만 이면을 볼 줄 모르면 "응, 아이스크림 맛있어"라고 대답할 수 있습니다. 단순하지만 공감능력을 말하는 것입니다. Look into의 시선을 받은 아이들은 우리가 "양보해라", "차례를 지켜라", "다른 사람이 싫어하는 행동을 삼가라"라고 외치지 않아도 자연스럽게 그런 행동을 습득합니다.

흔한 일은 아니지만 '고2 때까지 미친 듯이 놀았는데 1년 공부하고 서울대 갔다더라'라는 영웅담이 들릴 때가 있습니다. 하지만 이것은 영웅담도 아니고, 천재의 이야기도 아닙니다. 언젠가 '영재발굴단'이라는 프로그램에서 Look into의 예를 보여주는 사례가 있었습니다. 전문가가 영재성을 살피는 과정에서 청각장애를 가진 부모님이 아이의 말을 하나라도 놓칠세라 집중해서 듣고 반영해준 점이 영향을 미친 것 같다고 설명했습니다. 그 부모님은 아이를 Look into로 바라본 것입니다. 이렇듯 Look into의 시선을 받은 아이들은 학습력이 높아질 수밖에 없습니다.

충분히 공감적인 시선을 받은 아이

1. 상황에 능동적으로 적응하는 능력이 뛰어납니다. 왜냐하면 자신은 꽤 괜찮은 사람이며 무엇을 해도 중요한 성취를 낸다고 부모님으로부터 확인을 받았기 때문입니다.

2. 적응의 실패를 감당하고 좌절의 결과를 견딜 수 있습니

다. 부모님이 아이를 있는 그대로 바라봐주는 덕에 평가나 타인의 시선에 의연해 실패가 자신을 해치지 않습니다.

3. 문제에 대한 집중력이 좋습니다. 부모님의 공감적인 시선과 포용적인 태도는 아이에게 가장 편안한 안정감을 주고 주변의 불안한 환경들을 차단해주기 때문에 아이는 마음 놓고 자신의 과제에 집중할 수 있습니다. 이 아이는 밤새워 논 뒤에도 숙제할 수 있습니다.

4. 현실적인 판단력이 발달하고 창조성이 풍부해집니다. 부모님이 아이를 존중하고 아이가 무엇을 원하는지 민감하게 반응해주기 때문에 아이는 생각이 확장되고 창의적이 됩니다. 아이가 자신의 욕구가 무엇인지 자신의 한계가 어디까지인지 분명히 알기 때문에 어떻게 행동해야 할지 판단할 수 있습니다.

학습에 필요한 능력으로 이만한 것이 또 있을까요? 우리가 한 번쯤 즐거움에 밤을 새운다면 그리 피곤하지 않습니다. 즐거움과 기쁨, 창조성으로 늘 가슴이 꽉 차있기 때문입니다. 좋은 시선을 받은 아이는 자신이 좋은 사람이라고 확신하기에 늘 기분이 좋습니다. 제가 외부 특강을 할 일이 있었는데, 두 강의가 시간이 겹쳐 조정해야 했습니다. 저는 미안한 마음에 전전긍긍하며 관계자에게 전화해서 큰 문제가 생겼다고 말했습니다. 그러자 그 강의 관계자는 웃으시면서 "아, 그러시군요. 큰 문제 아니네요. 해결하면 되지요"라고 말해 안심했던 기억이 납니다. 이 여성분은 항상 생글생글한 얼굴로 닥친 문제를 척척 해결해 나가는 사람처럼 보였습니다. 한 날은 제가 궁금해 "그렇게 유연할 수 있는 비결이 뭐예요?"라고 묻자 나중에 대답해주기를 "제가 어릴 때부터 부모님이 '괜찮아. 우리가 해결해보자. 엄마가 도와줄게'라고 하셨고, 혼나 본 적이 없던 것 같아요"라고 말했습니다. 그리고 학창시절에도 공부를 잘하진 못했지만 힘들지 않게 했다고 합니다. 이렇듯 닥친 문제가 두렵지 않고 경쟁 속에서도 혼자서 즐거움을 느끼며 과제에 집중하고 자신만의 성취를 이루게 됩니다. 학습력을 높이기 위해서는 포부, 동기, 문제해결력, 집중력, 어느 정도의 지적 능력 등등 여러 조건이 필요하지만 그 조건을 충족하는 방법은 의외로 간단해서 단지 부모님의 따뜻하고 공감 어린 시선이면 됩니다. 그렇게 많은 말이, 그렇게 많은 교육이 가끔은 필요가 없을 때도 있습니다.

그 시선이 너무 어렵다고요? 알지만 잘 안 된다는 것을 알고 있습니다. 왜냐하면, 이것은 어쩌면 천동설에서 지동설로 바뀌는 패러다임 전환과 같기 때문입니다. 거의 지각변동 수준인 것이지요. 그러니 얼마나 어렵겠습니까. 부모님이 Look into의 시선으로 아이들을 바라보지 못하는 것은 부모님 안에 있는 불안, 아이를 신뢰하기 어려움, 성취 위주의 사회적 분위기 때문입니다. 혹여 내 아이가 뒤처질까 봐, 제대로 된 역할을 하지 못하고 살게 될까 봐 걱정하는 마음이 우리 아이들을 더욱 불안하게 만듭니다.

불안한 아이는 주위를 신경 쓰느라 공부에 집중할 수가 없어서 학습력이 떨어지게 됩니다. 또한 부모님의 기대에 맞추느라 표정을 신경 쓰느라 자신이 무엇을 원하는지 생각할 여유가 없습니다. 그렇기에 국어 지문이 무슨 뜻인지 이해하기 어렵고 자신감이 떨어져 문제가 무엇을 의미하는지 파악하기 어렵습니다. 세상이 힘들다는 것을 익히 들은 아이들은 경쟁합니다. 이기고 싶지만 지는 방법을 모릅니다. 그리고 지는 방법을 모르면 실패하기보다 포기합니다. 그러면 생각하기를 그만합니다. 그리고 부모님들에게 묻습니다. "공부를 꼭 해야 하나요?"라고 말입니다. 이 말에 부모님이 "너만 힘든 거 아니다. 다들 그래", "뭐 먹고 살래? 그거라고 해야지", "하기 싫으면 안 해도 돼" 등의 말을 한다면 아이는 자신의 욕구를 잃어버립니다. 아이가 듣기에 그저 자신은 기계의 한 부속품처럼 느낄지도 모르겠습니다. 그러면 공부에 동기 부여가 되는 것이 아니라 오히려 공부의 필요성을 잃어버리게 되는 것입니다.

그러니 아이와 책상에 앉아 함께 공부할 때 아이가 엉뚱한 질문을 하더라도 그 질문에 성심성의껏 대답해주십시오. 아이가 부모님을 부르면 무조건 대답해주십시오. 공부하는데 드러누워 있으면 "힘드니?" 아이가 문제를 틀리면 "이 부분을 몰랐구나. 알게 돼서 다행이다"라고 해주십시오. 아이가 문제를 맞히면 "이런 방법으로 풀 수 있다니. 대단하구나"라고 말해주십시오. 아이가 공부할 시간이 됐는데 화, 울음, 짜증을 낸다면 아직 어머니의 품이나 시선이 부족하다는 뜻입니다. 잠시 학습을 내려놓고 관계 개선이 필요할 때입니다. 아이가 공부를 마치면 "고생했다"고 해주십시오. 아이가 컵을 깨면 지금 실수해서 다행이라고 생각하십시오. '지금 마음껏 실수하는구나. 좋다'라고 말입니다. 그대신 "네가 치우렴" 하고 말해주시면 됩니다. 아이는 공부하는 기계가 아닙니다. 공부만 할 수 있는 환경은 필요 없습니다. 아이는 언제 어디서든 실수해야 하는 존재라 바쁩니다. 아이에게 일을 시키세요. 양말 개기 100원, 신발 정리 200원을 주십시오. 아이는 우리가 생각하는 것보다 훨씬 믿음직스럽습니다. 아이가 문제를 풀 때, 어떠한 말도 하지 마십시오. 그저 바라만 봐주면 됩니다. 아이가 모른다고 질문할 때, 성심성의껏 설명해주시면 됩니다. 백 점 맞으면 원하는 물건을 사준다고 약속하지 마세요. 그저 축하해주십시오. 원하는 점수를 얻기 위해 10분 동안 집중한다면 "어려운 일을 해냈어. 전보다 집중력이 좋아졌구나"라는 따뜻한 시선과 격려의 말을 전해주십시오.

공감적 소통

아이가 초등학교 2학년 때, 갑자기 잘 해오던 학습지를 끊고 싶다고 칭얼거리며 말했습니다. 저는 심란했습니다. 학습지 선생님으로부터 우리 아이가 연산 능력이 얼마나 떨어지는가에 대해 익히 들었기 때문입니다. 이러다가 4학년 때 수학을 포기해야 할지도 모른다는 엄포는 저를 충분히 걱정하게 했습니다. 그리고 학습지를 끊는 것은 문제가 아니지만 학습지를 끊었다가 아이가 뭐든 힘이 들면 중도에 포기할 것 같은 걱정도 앞섰습니다. '이번 기회에 역경을 이기는 힘을 길러줄까' 하는 생각도 들었습니다. 그러다가 '어차피 힘들면 잘 이해도 못 할 텐데 돈만 아깝지'라는 생각에 고민에 빠졌습니다.

학습지 선생님의 만류와 설득에 넘어간 데다가 힘들다고 칭얼대는 아이의 모습이 보기 싫어 아이에게 말했습니다. "힘든 건 이해해. 그렇지만 선생님은 연산이 꼭 필요하대. 네가 잘하면 끊어도 되지만 부족하니까 해야지"라고 나름 상담사의 화법을 담아 최대한 차분한 목소리로 설명했습니다. 설명이라기보다는 통보에 가까웠습니다. 그때는 이 말이 얼마나 아이를 비난하는 말인지, 이기심 가득한 말인지를 깨닫지 못했습니다. 오히려 차분하고 단호하게 공감적으로 말했다고 스스로 칭찬했으니까요. 그리고 아이의 반복된 칭얼거림에 "왜 말을 듣지 않니? 엄마가 설명했잖아. 네가 잘하면 끊는다니까", "다른 애들에 비해서 학원 반도 안 다니는 거야. 그 정도도 못해서 어떡할래?"라고 윽박질렀고 더는 대화가 이어지지 않았습니다. 아이는 더 이상 그만두겠다고 말하지 않았습니다. 저는 생각했습니다. '나는 공부를 강요하지 않는 엄마야'라고 말입니다.

하지만 문제는 그 이후로 아이가 공부에 대해 제게 말을 잘 하지 않는 것이었습니다. 간혹 자기가 잘한 부분이나 어려운 부분에 대해서 말하곤 했는데, 제가 물어봐도 "괜찮아"라고 하든가 고개만 끄덕이는 정도고 공부에 관한 대화를 나누기 회피했습니다. 아이는 허락 없이 학원에 빠지기 시작했고, 지각하거나 수업 태도의 문제를 지적받기 시작했습니다. 제가 '뭔가 잘못됐구나'를 느끼고 도와주고 싶어서 대화를 거니 "됐어. 학원 간다고"라는 말만 합니다. 아이가 너무 커버린 느낌에 답답하기도 하고 짤막하고 퉁명스러운 말투로 대답하는 것도 언짢았습니다. 하지만 무엇보다 더 이상 내 말을 듣지 않을까 겁이 났습니다.

무엇이 문제였을까요? 제가 아이에 대해 무엇을 놓쳤는지 궁금했습니다. 그래서 일단 아이 입장에 서서 어떤 느낌이었을까 느껴보기로 했습니다. 천천히 상황을 되짚어보니 '우리 아이가 힘들었겠구나'라는 생각이 들었습니다. '힘들다고 가장 편한 엄마한테 말을 했을 텐데 그 마음을 거절당했구나'라는 생각이 들자 아이에게 미안하고 안쓰러운 마음이 들었습니다. "엄마가 네 마음을 몰라서 미안했어. 네가 힘들다고 말했는데 잘 이해하지 못했어" 하고 아이의 이야기를 듣기 시작했습니다. 제가 부모님들을 상담할 때도 가장 많이 듣는 질문이 어디까지 허용하고 어디까지 제한할지 모르겠다는 것입니다. 아이의 마음도 헤아리고 수용해주고 싶은데 끝도 없이 들어줄 수 없으니 적정한 범위를 정하는 것이 힘이 든다는 것입니다. 그러다 보니 간혹 아이에게 이끌려 가는 것은 아닌지 께름하기도 하고 또 자식의 마음을 모르는 것도 아니니 모른 척하기도 어려운 일입니다.

특히 공부에 관해서는 더 종잡을 수 없는 것 같습니다. 공부가 힘들다고 칭얼대는 아이에게, 좋은 성적을 받고 싶지만 노력하지 않는 아이에게, 한번 집중하면 후딱 해내지만 책상 앞에 앉기가 너무도 힘든 아이에게, 좋은 성적을 내지만 늘 불안해하는 아이에게, 항상 공부하지만 원하는 만큼 결실을 내지 못하는 아이에게, 학원을 끊기를 불안해하는 아이에게, 우리는 무엇을 해줄 수 있을까요? 무엇을 들어줘야 하고 무엇을 거절해야 할까요? 어떨 때 따뜻하고 어떨 때 단호해야 할까요? 참 난감한 일이 아닐 수 없습니다. 정답도 없고, 길잡이도 없고, 우리 시절에는 그저 했던 것 같은데, 우리 아이는 그 많은 정보의 홍수 속에서 무엇을 선택해야 할까요? 부모님은 아무것도 해줄 것이 없습니다. 그저 좋은 관계를 맺는 것과 약간의 지원 밖에는요. 하지만 공감적 소통을 할 수 있는 관계는 아이에게 엄청난 포부를 심어줄 수 있다고 자부합니다. 누구나 다 알고 있듯이 공부는 스스로 하는 것입니다. 혼자서 공부하다가 어려운 것이 생기면 물어볼 수 있고 방향이 필요하면 조언을 얻을만한 대상이 필요합니다. 그저 그뿐입니다. 어떤 드라마에서는 학습 매니저가 하나부터 끝까지 지시한 대로만 하면 좋은 성적을 낼 수 있다고 합니다. 좋은 과외선생님을 찾아보고 학습 전략 컨설팅을 받아보기도 합니다. 그런데 아이가 직접, 실제로, 공부하지 않으면 모두 무용지물입니다. 아이 스스로가 포부를 가지고 몸을 움직여 책을 펴고 손을 움직여 연필을 잡고 눈을 움직여 글을 읽어야 합니다.

중학교 3학년 남자아이를 상담한 적이 있었습니다. 그 아이는 부유했던 터라 과목마다 과외를 할 수 있는 형편이었고, 부모님 역시 아이의 학업에 아낌없이 지원을 해주었습니다. 과외 선생님들의 평가도 나쁘지 않았고, 수업 태도가 성실하며 숙제도 잘했습니다. 그런데 희한하게도 중간고사나 기말고사를 보면 30점을 넘지 못합니다. 그러면 다시 학원으로 갔다가 점수가 오르지 않으면 다시 과외를 하거나 혼자 해보는 등 여러 방법을 동원했습니다. 그러나 평균 이하의 점수로 아이와 부모님 모두 답답한 마음으로 상담센터를 찾아왔습니다. 아이는 좋은 성적을 받고 싶어 했습니다. 그리고 지능도 평균 이상이었고 학습에 대한 계획도 열심히 짰으며, 시간을 할애해 집중하려고 노력했습니다. 노력한 것에 비해 성적을 내는 것이 어려운지에 대해 이야기를 나누다가 아이는 울면서 말했습니다. "선생님과 함께할 때는 다 이해하는데, 시험만 보면 무슨 말인지 전혀 모르겠어요"라고 말입니다. 그동안 아이가 자발적으로 무엇인가 스스로 생각해본 적이 없던 것 같아 안타까웠습니다.

지능 검사에서도 이러한 면들은 여실히 드러납니다. 지능 검사에 공통성 소검사라는 항목이 있습니다. 공통성 소검사의 질문은 '여름과 겨울의 공통점이 무엇인가요?' 식으로 이뤄져 있습니다. 여름의 속성과 겨울의 속성을 알아서 같은 점을 찾아내야 하기에 단순히 여름이 무엇인지 겨울이 무엇인지 안다고 해서 답을 찾을 수 있는 것이 아닙니다. 부모님과 공감적 소통을 해본 적이 없는 아이는 이러한 질문에 대해서 잘 대답하지 못합니다. 대체로 일방적 지시를 받거나 부모님이 정해주는 것을 착실히 따르는 아이들은 기계적으로 분석하는 과제는 정말 잘하지만 스스로 탐색하고 고민해서 생각을 창출해내는 문제는 너무도 어려워합니다.

어려서부터 부모님과 눈을 맞추고 어떠한 주제라도 이야기를 나누고, 잡담하고 말장난했던 아이, 그것을 엄마가 웃으며 장단을 맞춰주고 아이 말에 함께 리듬을 타면서 말장난에 맞춰본 아이들은 생각하는 힘이 있습니다. 그래서 공통성 소검사에서 처음 접하는 질문에도 나름대로 고민해 정답을 추론합니다. 공통성은 개념을 형성하는 능력을 측정하기 때문에 우리가 흔히 학업에서 개념 원리를 이해한다는 능력과 같은 뜻입니다. 개념을 이해하고 추론해 장기기억으로 넘어갈 수 있도록 돕는 능력입니다. 이것은 우리가 실제로 볼 수 없는 추상적인 개념들을 이해하는 것과 관련이 있습니다. 이것은 학습에서 중요한 능력입니다. 초등학교 저학년 때는 구체적인 지식이 많으니 그저 반복해서 외우면 되지만 초등학교 고학년 때부터는 우리가 눈앞에 볼 수 없는 것들을 이해해야 합니다. 교통수단이 무슨 말인지 눈으로 볼 수 없지만 이해해야 하고, 과학에서 힘의 원리를 자기장의 개념을 이해해야 합니다. 그리고 수학에서 함수와 방정식의 개념을 이해해야 문제를 풀 수 있습니다. 학습에 있어서 엄마, 아빠와의 관계가 얼마나 중요한지 느낌이 오시나요?

이러한 개념을 잘 이해는 아이로 키우려면 반드시 부모님과의 놀이가 필요합니다. 말로 놀고 시선으로 놀고, 놀잇감으로 노는 일이 아이들에게 정말로 필요합니다. 아이들은 놀잇감을 통해 세상의 물건을 만나고 다루고 탐색하면서 원리를 이해합니다. 단순히 기능적으로 물건을 어떻게 다루는지를 말하는 것이 아닙니다. 놀잇감을 탐구하는 일은 우리 일상생활, 현실, 어른들의 세계를 연습하고 탐색하고 의미를 찾아내는 과정입니다. 놀잇감과 부모님이 있다면 자연스럽게 이야기가 오고 가게 되고 혼날 일도 없고 잘 외워야 하는 일도 없습니다. 단지 놀이와 관련된 이야기만 오고 갈 뿐입니다. 단순히 소꿉놀이하더라도 역할이 맡아지고 이야기가 만들어집니다. 엄마가 아이가 뜻하는 대로 말을 해주고, 아이가 요구하는 대로 역할을 맡으면 그만입니다. 그것이 공감적인 소통입니다. 그러면 저절로 지식에 대해 의미를 추론하고 개념을 이해합니다. 과학의 원리를 이해하고 수학의 개념을 이해하며 국어의 이야기를 저절로 해독합니다. 정말로 쉬운 일이 아닐 수 없습니다.

앞에 부모님이 어디까지 해줘야 할지, 무엇을 한계로 정해야 할지 난감하다는 말씀을 드렸습니다. 혼을 낸 후에는 자는 아이의 얼굴을 보며 미안함에 다시 다짐하지만, 또다시 아이와 전쟁은 일어납니다. 전쟁 속에서 살아남기 위해서는 무엇을 할까요? 서로 싸웁니다. 맞습니다. 우리도 아이와 끝까지 싸워야 합니다. 우리는 갈등을 싫어하고 피하고 싶어 합니다. 편안한 관계를 맺고 화목해지고 싶으며, 항상 웃는 날이면 좋겠습니다. 수용-전념 치료에서는 그런 일이 없다고 말합니다. 인생 자체가 고통이며 사랑하는 사람일수록 많은 갈등이 있다고 말합니다. 다만, 이것을 어떻게 다뤄나가는지에 행복한지 아닌지가 결정됩니다.

아이에게 언제 어디서나 웃어주고 친절하게 대해주는 일이 가능할까요? 이것이 가능하다면 그 관계에는 문제가 있다는 뜻으로 들립니다. 아이는 도전합니다. 우리는 안정되고 싶습니다. 우리는 과거부터 살아왔습니다. 아이는 현재부터 살아갑니다. 그러니 한 공간 안에 차원이 다른 두 사람이 만나 이야기를 나눈다면 어떤 일이 벌어질까요? 외계인과 또 다른 외계인이 지구인 공간에 만나는 것과 같습니다. 인지행동치료에서 아이들이 가장 많이 쓰는 말은 "우리 엄마는 늘 그래요", "그냥 싫어요"라고 합니다. 그러니까 다양한 부분을 알지 못하고 과일반화시키거나 앞뒤 맥락을 다 빼고 느낌대로 말한다는 것입니다. 아이들이 흔하게 일으키는 과일반화와 삭제의 왜곡입니다. 우리도 아이의 이야기를 듣다 보면 목적어가 생략되거나 주어가 생략되거나 아니면 마치 늘 그러한 일들이 벌어지는 것처럼 묘사하는 것을 흔하게 볼 수 있습니다.

여기서 우리가 해야 할 일이 생깁니다. 아이들이 보지 못하는 부분들을 볼 수 있도록 알려주는 것입니다. 무엇을 결정해줄 필요 없습니다. 아이의 말 부분에서 허점 즉 아이의 시선에서 보지 못하는 부분, 부족한 부분, 생략된 부분들을 보여줄 수 있습니다. 그러면 무엇을 정해줘야 할지, 무엇을 하지 말아야 한다고 말해야 할지가 필요가 없어집니다. 밤새도록 아이와 말이 이어지기만 하면 됩니다. 상당한 노력이 듭니다. 열정도 필요하고 아이의 답답한 말을 이해한 후에 다시 나의 말을 해야 하니 얼마나 피곤할까요. 그래도 그렇게 싸워줘야 합니다.

문제는 탁구공처럼 말이 왔다 갔다 하는 것이 아니라 엄마가 10분 이상 말하고 아이는 말을 할 기회가 없습니다. "엄마가 알아. 내가 세상을 더 먼저 살아봐서 지혜가 있잖아. 내 말을 듣는 게 맞아. 학원을 다녀서 극복해보는 거야"라고 말하는 것은 방법이 아닙니다. 이런 일방적인 대화는 아이에게 기계적인 암기력이나 규칙이 있는 문제를 분석하는 능력이 좋아지게는 하겠지만 스스로 탐구하고 의미를 찾아서 더 나은 생각들을 창출하는 데는 꽝입니다. 아이에게 기회를 주셔야 합니다. 싸우고 이길 기회를 말입니다. 생각해보면 어렸을 때 자기주장을 잘하는 아이가 정말로 부러웠습니다. 어찌 그리 말을 잘하는지 어떻게 하면 저렇게 자기 생각을 그 단어로 그 표정으로 할 수 있는지 부러웠습니다.

아이의 생각을 잘게 쪼갠다고 생각하면은 아주 쉽습니다. 그러려면 백전백승이면 지피지기라고 아이의 말을 얼마나 잘 들어야 하겠습니까. 아이는 자신의 말을 잘 이해해서 되돌려주는 엄마, 아빠에게 감동합니다. 그리고 엄마, 아빠는 아이에게 자기 생각을 들려줍니다. 그러면 다시 아이는 생각합니다. 어떻게 되받아쳐야 내가 옳다는 것을 보여줄 수 있을까 하고 말입니다. 그러는 과정에서 아이는 새로운 사실을 이해하고 자신의 마음을 이해합니다. 그 둘을 서로 연관 지어 새로운 생각을 창출하고 기뻐합니다. 그 무엇이 더 필요할까요? '엄마가 말하는데 들어'라고 하지만 않으면 됩니다.

일주일에 한 번 가족회의를 하십시오. 분위기가 흐트러져도 괜찮습니다. 잡담해도 좋습니다. 아이가 다른 말을 해도 좋습니다. 무조건 들으시고 그에 관해 답해주십시오. 몇 시간이 걸려도 좋습니다. 한 사람이 말할 수 있는 시간을 정하십시오. 말하는 사람에게 연필을 잡게 하든 마이크를 잡게 하든 뭔가를 잡고 있는 사람이 말할 수 있는 권리를 충분히 주고 다시 마이크를 넘겨주면서 말할 수 있도록 격려해주십시오. 어떤 말도 좋습니다. 아이가 만약 "방귀 뿡뿡"이라고 했으면 "에이, 지금 그런 시간은 아니잖아. 장난치는 시간이 아니야"라고 하기보다 "아, 뿡뿡이라고 말씀하셨습니다"라고 하면 됩니다. 아이의 첫 말입니다. 어떤 말도 존중해줘야 합니다.

함께 드라마나 영화나 만화영화를 보십시오. 함께 드라마에 대해 영화에 관해 이야기를 중간중간 나누십시오. 아이들은 "무슨 말이야?", "그 말이 무슨 뜻이야?"라고 묻습니다. 간단하게 설명해주시고 내용에 대해 잡담을 나누십시오. 이것이 책으로 연결되고 공부로 연결됩니다. 그것을 통해 다른 사람의 말을 이해하고 감정을 파악하며 상황의 맥락을 이해합니다. 무엇보다 엄마, 아빠를 진심으로 깊이 사랑합니다. 그리고 엄마, 아빠를 위해서가 아닌, 엄마, 아빠의 화를 피하려고 공부하는 것이 아니라 자기 자신을 위해서 공부합니다. 바로 우리가 진정으로 원하는 것 아닐까요?

저는 지금도 아이와 싸우고 끝까지 버텨줄 힘을 내려고 노력합니다. 놀이치료에서 아이가 칼싸움할 때 법칙이 있습니다. '끝까지 버텨주고 끝까지 싸워줘라'입니다. 직장에서 또 어른의 세계에서 살아가느라 지쳐있기에 쉽지 않은 일입니다. 그래도 버텨주고 열의를 가지고 아이의 말에 대답해주시기 바랍니다. 그러면 내 아이만큼은 스스로 결정하고 선택하는 아이로 자라날 것입니다.

5

학습 동기를 높이는
아빠놀이

아이들은 아빠와 놀고 싶어 합니다. 엄마보다 아빠와 더 놀고 싶어 할지도 모르겠습니다. 아빠는 힘이 세고 목소리도 우렁차며, 아이가 한 번도 경험해보지 못한 새로운 놀이 보따리를 풀어놓을 것 같아서 더 기대하게 됩니다. 그래서 아이는 늘 아빠가 퇴근할 때까지 기다리고 아빠가 올 때를 대비해 자신 나름대로 무엇을 하고 놀지 계획을 세웁니다. 아빠가 오면 놀고 싶다는 눈빛을 하염없이 보냅니다. 아빠가 "그래. 놀자"라고 해주면 아이는 아빠와 놀 수 있다는 기쁨에 몸짓도 목소리도 커집니다. 아빠의 몸에 올라타기도 하고 소파를 뛰다가 아빠에게 다이빙하기도 합니다. 게임을 들고 아빠에게 갈 수도 있습니다. "안 돼. 그건 너무 오래 걸려"라는 아빠의 말에 다른 게임을 들고 옵니다. 아빠에게 "나를 찾아봐" 하고 숨기도 합니다. 아빠는 싱겁게도 금세 아이를 찾아낸 다음에 아이의 기대와 달리 "이제 밥 먹을 시간이네", "그만. 아래층 사람들이 싫어해"라고 말하곤 합니다. 그러면 서운함이 이루 말할 수 없습니다. 또 한참 신나고 정신없이 노는데 갑자기 아빠가 버럭 화를 냅니다. 아이는 영문도 모른 채 놀이를 그만둬야 하고 혼이 나야 합니다.

아빠로서는 게임에서 속임수를 쓰니까, 해보라니까, 겁쟁이같이 무섭다고 우니까, 무조건 이겨야 하니까, 차례를 지키지 않으니까, 흥분이 가라앉지 않고 계속 웃어대며 장난을 치니까. 가르쳐 줘야 한다고 생각했을 수도 있습니다. 아빠가 느끼기에 아이의 행동은 사회생활에 적합하지 않습니다. 자칫 이렇게 자랐다가는 사회의 룰에 적응하지 못하는 사람이 될 것 같습니다. 아이가 4살이든, 10살이든 17살이든 그런 것은 중요하지 않습니다. 아빠는 그저 사회에서 쓸모있는 사람이 되지 못할 것 같은 걱정이 듭니다. 그것이 아니더라도 "유치원에서 이렇게 놀면 안 되는데", "네가 그러니까 혼이 나는 거야", "네가 그러니까 친구가 널 싫어해"라는 말을 합니다. 그러다가 아이가 울면 씩씩하지 못하고 강하지 못한 것 같아 더 속상합니다. 이것은 분명 아이 엄마가 너무 오냐오냐 키운 탓으로 느껴집니다. 내 아이는 강해야 이 험난한 세상을 살아갈 수 있을 것 같은데 속이 상합니다. 게임하다가 아빠가 이겼다고 아빠가 자신을 너무 세게 쳐서 아프다고 울다니 어찌하면 좋을지 고민할지도 모르겠습니다. 그래서 아빠는 강하게 키워야겠다는 다짐에 훈계합니다. 어떤 놀이를 해도 아이에게 져줄 생각이 없습니다. 흔히 벌어지는 남자아이와 아빠의 놀이 장면입니다.

아빠와 여자아이의 놀이는 어떨까요? 아빠는 눈에 넣어도 아프지 않을 만큼 아이가 사랑스럽고 귀여우며 예쁩니다. 그저 바라만 봐도 웃음이 나고 귀여워서 어쩔 줄 모르겠습니다. 그래서 웃으며 뽀뽀해달라고 요청합니다. 손으로 툭툭 건드려 봅니다. 아이가 짜증스러운 말투로 "아빠 싫어"라고 하니 서운한 마음도 잠시 또 놀리며 장난을 쳐 봅니다. 그러니 아이가 울면서 아빠가 밉다고 합니다. 이렇게 예뻐하는데 어떻게 싫다고 말하는지 서운합니다. 아이 엄마의 핀잔에 아이와 다시 놀아주려고 하지만 역할을 맡는 것은 너무 지루하고 피곤하게 느껴집니다. 아이가 뭔가 요구해도 그저 지켜볼 뿐입니다. 아이도 재미없어하고 이 정도면 잘 놀아주었으니 휴대폰을 주며 게임하자고 하든지 아이가 좋아하는 만화영화를 보여주고 힘든 놀이를 서둘러 마무리합니다.

이렇게 놀아주는 것이 문제가 되는 것은 아닙니다. 그래도 아이는 아빠와 여전히 놀고 싶어 하니까요. 제가 아빠와 아이의 놀이 평가를 관찰할 때면 항상 보이는 것이 있습니다. 아빠는 아이의 놀이를 주도적으로 이끌지만 아이는 자신이 좋아하는 것이 있어도 아빠의 의견에 따라준다는 것입니다. 아빠와 노는 시간이 정말로 귀해 하자는 대로 흔쾌히 하는 것일 수도 있고 아빠의 말은 무조건 옳다고 생

137

각하기 때문이기도 합니다. 아이에게 아빠는 한없이 대단한 존재이기 때문에 아빠의 놀이가 학습 동기를 높이는 이유가 됩니다. 어른이라면 누구나 경험했듯이 어릴 적에는 아빠의 키가 매우 큽니다. 연구 결과에서도 아이 눈에 비친 아빠는 5m 거인의 키처럼 실감한다니 아빠는 정말로 대단한 사람인 것은 틀림없습니다. 아빠의 키가 170cm 정도로 보일 때는 청소년기를 넘겨야 한다고 합니다. 그 이후로는 자신보다 키가 작아진 아빠를 순간순간 발견합니다. 아이에게 아빠의 키와 학습 동기가 무슨 상관이 있을까요?

목표지향

아빠놀이는 목표지향이 가능하게 합니다. 아이에게 "꿈을 가져. 목표를 세워. 그리고 실천하면 돼. 문제 될 것이 없지"라고 말할 필요가 없습니다. 그저 놀아주기만 하면 됩니다. 사례를 볼까요?

아빠: *우리 화살 놀이하자. 저기에 맞추는 거야.*
아이: *그래. 좋아.*
아빠: *우리 시합하자. 점수가 높은 사람이 이기는 거야.*
아이: *알겠어. (과녁의 가운데를 가리키며) 나는 여기에 맞출 거야.*
(아빠가 화살을 쏘고 과녁에 맞춘다. 아이가 화살을 거꾸로 잡는다.)
아빠: *이렇게 잡아야 돼. 다시 해봐. (아이가 잘되지 않아서 가르*

쳐주고 다시 아이가 화살을 쏘는데 과녁을 벗어나 맞고 튕긴다.
아이가 울상을 짓고 화살을 던진다.)

아빠: 화살을 던지면 어떡해. 이거 봐봐. 이렇게 잡아야 한다고.
*(아이는 시무룩한 표정으로 다시 잡고 쏜다. 이번에는 과녁 안
에 들어갔지만 아빠보다 점수가 낮다. 아이는 다시 활을 바닥에
던지며 실망한 표정을 짓는다.)*

아이: *(소리를 지르며)* 아빠한테 졌잖아. 나 다른 거 할 거야.

아빠: *(웃으면서)* 에이. 남자애가 뭐 그런 걸 가지고 그러냐. 씩
씩하게 다시 하면 되지. 다시 할까? 다시 해도 돼.

아이: 안 해.

화살쏘기

이 아이의 아버지는 양육에 관심이 높은 편이었고 평소 아이와 놀기 위해 일주일에 한 번 재택근무할 정도로 열의가 대단하셨습니다. 아버지는 침착했고, 늘 웃는 얼굴로 친절했습니다. 그런데 무엇이 문제였는지 7살 난 아이는 늘 무기력했고 늘 "나는 못해", "하기 싫어", "못할 것 같아"라는 말을 달고 살았습니다. 새로운 것을 시도하기 매우 어려워했으며, 엄마가 대신해주기를 요구하며 엄마 곁에서 떨어지지 않으려고 했습니다. 아이의 아버지는 앞으로 초등학교 입학 후에도 아이가 너무 무기력하게 지낼 것을 걱정해 상담실에 찾아온 것입니다.

좀 더 나이가 있는 아이의 사례를 볼까요?

아빠와 게임

아빠: 네가 먼저 카드 내. *(아이를 바라본다.)*

아이: *(한참 고민하다가 카드 한 장을 낸다.)*

아빠: 아이고. 그걸 내면 어떡하냐. 내가 이렇게 하면 네가 바

로 지잖아. 선생님 얘가 이래요. 머리를 못 쓴다니깐요?
이런 것도 상담으로 되나요?

아이: *(아무 말 없이 무표정한 얼굴로 앉아있다.)*

아버지 말에 따르면, 아이는 초등학교 6학년인 남아로 학습에
대한 동기 수준이 매우 낮고 너무도 무기력해 공부에 집중을 못 한
다고 했습니다. 이 아이의 아버지는 작은 실수에도 엄격했고 비판
적인 소통을 많이 했습니다. 두 사례의 아버지들은 성향은 매우 다
르지만 아이들은 아파하고 있었습니다. 자기의 나이에 맞는 꿈을
꾸기도 목표를 실행하기도 어려운 상태로 보였습니다. 물론 다른
여러 환경적 요인을 무시할 수는 없겠지만 아이가 무기력하고 목표
지향적인 실행을 할 수 없는 이유가 아버지와의 놀이에서 분명히
드러나고 있었습니다. 목표 지향적인 행동, 그러니까 무엇인가 하
고자 하고 그 일을 실행할 수 있는 능력이 왜 아버지의 역할과 관련
이 있을까요? 왜 아버지에게서 이것을 더 쉽게 배우고 더 큰 영향
력을 발휘하는 것일까요? 아이는 아버지로부터 집 밖에 나가 무엇
을 해야 할지 아는 것을 배우기 때문입니다.

자기 심리학자인 코헛은 아이들은 아버지를 매우 대단한 사람
으로 이상화시킨다고 했습니다. 왜냐하면, 아이는 아주 편안하고
아무런 걱정 없이 완벽하게 지냈던 엄마 뱃속을 나와 불안한 세상
에서 어떤 방식으로 살아갈지를 선택해야 하는데, 그 방법의 하나

로 아버지를 굉장히 힘이 세고 멋있고 뭐든 다 알고 있는 완벽한 사람으로 이상화시킨다고 합니다. 아이가 보는 아버지는 키가 작더라도 남들이 보기에는 힘이 없더라도 직업의 종류를 떠나 완벽한 존재입니다. 완벽한 존재인 아버지의 말은 아이에게 모두 진리이고 사실인 것입니다. 그리고 아이는 완벽한 아버지를 닮아 "나도 대단해요"라고 확신하고 싶어 합니다. 그래서 아이는 말합니다. "나는 아빠처럼 될래요", "나는 아빠와 같은 사람이랑 결혼할래요"라고 말입니다. 그리고 "우리 아빠는 로봇 조립도 굉장히 잘해요. 다 할 수 있어요"라고 매우 자랑스럽게 말하는 것입니다.

아빠처럼 된다는 말은 자신도 곧 아빠와 같이 세상에 나가 열심히 일하고 돈을 버는 것과 같이 매우 힘이 센 사람이 된다는 말입니다. 아버지의 직업이 잘 노출될수록 아이도 그 직업을 선택할 확률이 높다는 결과도 있습니다. 그렇다면 "너는 참 대단하구나"라는 아버지의 말은 아이에게 어떤 의미로 다가올까요? 이 말은 아이에게 비로소 '나도 대단한 사람이구나'라고 확신을 주는 것이지요. 그 순간 아버지는 어두운 밤에 방향을 알려주는 별과 같은 존재가 됩니다. 그것을 보고 따라가 어느 순간에는 자신도 그렇게 되기를 희망하는 것입니다. 놀이에서 굳이 아버지가 말하지 않아도 아빠가 하는 말과 몸짓을 흉내 내며 아빠가 하는 전략을 배워갑니다. 그리고 아빠를 닮아가는 자신을 스스로 자랑스러워 합니다.

이것은 몸의 발달을 촉진합니다. 생각이 움직이고, 몸이 발달하면 실행능력이 매우 좋아집니다. 실행능력은 꿈꾸는 대로 이뤄지게 하는 첫 단계입니다. 학습하려면 실행능력이 좋아야 합니다. 즉, 목표를 세울 수 있고 그 목표에 맞게 몸을 움직일 수 있습니다. "7시에 일어나서 국어 문제집 3장을 풀 거야", "오늘은 이 단원을 꼭 끝낼 거야", "지금 영어 단어를 외우고 저녁 먹은 후에는 수학 복습을 10분 정도 할 거야"라고 말할 수 있다면 목표를 세울 수 있는 것입니다. 이를 실행하려면 몸의 움직임이 발달해야 합니다. 아버지를 이상화할 수 있는 아이가 이상을 품을 수 있고 아버지로부터 인정을 받은 아이가 몸을 잘 움직여 계획을 실행할 수 있습니다. 그러니까 완벽한 존재인 아버지로부터 대단하다고 인정받고 확인받은 아이는 몸을 쓸 줄 알게 됩니다. 무기력할 필요가 없습니다. 세상에 나서서 무엇이든지 뚝딱 할 수 있는 아버지와 같이 자신도 그럴 테니까요.

한 아이가 학교에서 금도끼 은도끼 역할극을 해야 하는데 도끼를 만들어 가야 했습니다. 아버지는 곰곰이 생각하더니 바로 자리를 박차고 나가서 슈퍼에서 두유 2개를 사왔고, 그것의 한쪽 부분을 납작하게 만들어 도끼날을 만들었습니다. 정말 대단해 보였습니다. 그래서 "우아!"라고 감탄하자 아버지는 "너도 할 수 있는 일인걸. 문제는 이다음이야. 어떻게 할까?"라고 물었습니다. 그야 아주 쉬운 문제였습니다. 아이는 바로 "금색 색종이 입히고 은색 색종이 입히면 돼. 그건 내가 알아"라고 대답했고 아버지는 "우아! 네가 더 대단하다. 어떻게 그런 생각을 했지? 네가 방법을 아니까 이제 붙이면 좋겠어"라고 말했습니다. 너무도 당연한 정답입니다. 아버지는 대단하다고 말했는데 실은 색종이 붙이는 것이 귀찮았던 것입니다. 그런데도 아이는 신이 났었습니다. 아버지가 모르는 문제를 해결했고 아버지보다 더 대단한 사람인 것 같아서 신나서 콧노래를 부르며 색종이를 붙였습니다.

실행능력이 발달하려면 인정, 칭찬, 찬사, 감탄이 필요합니다. 큰 목소리를 가지고 큰 힘을 가진 아버지의 말에서 인정과 찬사가 있다면 아이는 저절로 목표가 세워지고 움직일 힘이 생깁니다. 반대는 무엇일까요? 큰 존재인 아버지가 무섭다면 어떨까요? 항상 노력해도 아버지보다 못한다고 생각하면 어떨까요? 하고 싶은 마음이 들까요? 아이들은 포기합니다. 큰 존재인 아버지를 이겼을 때 짜릿함과 신이 나는 기분을 느끼는 것입니다. 아버지의 질책에 늘 주눅이 드는 아이는 절대로 아버지를 이길 수 없습니다. 아버지가 무섭고 두렵습니다. 언제 혼이 날지, 자신이 잘한 건지, 해도 되는 건지 확신하기 어렵습니다. 그러니 하기 싫어지는 것은 너무도 당연합니다. 무엇을 해도 아버지를 넘어설 수 없으니 다른 사람들과 맞서는 것이 두렵습니다. 일을 잘 해낼 수 있을지 항상 불안하고 주눅이 듭니다. 포기하고 체념합니다. '어차피 해도 안 될 것'이라고 말입니다. 5m 거인처럼 보이는 아버지와 맞서서 이길 수 있는 아이는 세상 어떤 어려움과도 이길 수 있는 준비를 합니다. 그저 5m

거인이 인정하고 아이의 대단함에 져준다면 말입니다. 다시 사례를 볼까요?

아빠: 너는 무엇을 하고 싶니?

아이: 난 화살을 쏠 거야.

아빠: 우아. 좋은 생각이다.

아이: 그렇지?

아빠: 나는 저기 10점을 내고 싶어.

아이: 나도. 아빠는 나를 이길 수 없을걸?

아빠: 아. 그래? 열심히 해야겠는걸? 너도 아빠를 이길 수 없어. (아이가 활을 잘 잡아당길 수 없자 화살을 던진다.)

아빠: 아, 활을 잡기 어렵구나. 이렇게 해보자. (아이가 아빠의 손을 함께 잡고 한다.)

아빠: 그렇지. 금방 배우는구나.

아이: 난 잘 쏴. 봐봐. 나 되게 잘 쏜다니까. (아빠가 엄지를 올려 아이에게 보여준다.)

아빠: 우아. 멋진데? 화살 잘 쏘는 거 아빠가 알지. 넌 몇 점을 맞출래?

아이: 난 무조건 10점. (아이가 점수를 얻지 못하고 실망하는 표정을 짓는다.)

아빠: 점수 때문에 실망했구나. 처음으로 활을 쐈는데 과녁 안에 들어간 것도 대단한 거야. 다시 할래? 아빠를 이겨볼래? 난 져주지 않거든.

아이: (고개를 끄덕이며) 아빠를 이길 거야. 한가운데를 쏠 거야. (아이가 아빠를 이긴다.)

아이: (소리치며) 내가 아빠를 이겼다! 나 대단하지?

아빠: 그래. 너 정말 대단하다. 아빠도 놀랐어. 내가 더 연습해야겠는데?

아이: 아빠. 내가 가르쳐 줄게. 활을 이렇게 해서 쏘면 돼. 그럼 쉬워.

아빠: 아, 그렇구나. 너한테 배워야겠는걸.

아이: 또 하자.

이제 이 아버지는 아버지가 목표를 정하는 대신 아이가 목표를 정할 수 있도록 물었습니다. 그리고 몇 점을 맞추고자 하는지 물어보고 어떻게 화살을 쏠 수 있는지 가르쳐 줍니다. 그리고 아빠를 이긴 것에 끊임없는 찬사를 보냅니다. 아이는 몇 점을 맞출지 목표를 세우고 집중할 방법을 배우며 실행할 수 있도록 노력합니다. 물론 이때 10점을 맞힌 것은 아닙니다. 하지만 아이는 신이 났고, 어떻게 하는지 아빠에게 가르쳐 줄 정도로 방법을 습득했으며, 또다시 연습하고 도전했습니다. 아이는 질릴 때까지 활쏘기 놀이를 했고 그

만큼 인정받았으며 그만큼 유치원에 가서도 행동이 빨라지고 웃는
일이 많아졌다고 했습니다.

이번엔 6학년 아이의 아버지를 상담하고 다시 아이와 노는 시
간을 가졌습니다.

아빠와 카드 게임

아이: 뭘 내야 할지 모르겠어요.

아빠: 네가 결정해. 괜찮아.

아이: 에잇. 그냥 이거 낼래요.

아빠: 나를 공격했단 말이지. 그럼 난 카드 한 장을 가져오고
공격카드가 생겼다. 하하하. 넌 끝이야.

아이: 아. 끝났다. 이걸 뒤엎을만한 게 없어요.

아빠: 그렇지. 내가 이겼다. 신난다.

아이: 조금 더 지켜보려고 했는데. 빨리 공격할 걸 그랬어요.

147

아빠: 그래? 아까는 이 카드 때문에 심장이 쫄깃하더라. 막판에 가져온 카드가 날 살린 것 같아.

아이: 한 번만 더 할래요? 이번엔 자신 있어요.

아빠: 도전을 받아주마.

아이는 아빠의 훈계나 질책도 들을 필요 없이 순수하게 놀이를 즐겼습니다. 그리고 자신이 왜 게임에서 졌는지 아빠에게 표현하고 아쉬워했습니다. 아빠는 아이의 공격에 찬사를 보냈고 질 수도 있었다고 솔직하게 말해줬습니다. 아이는 졌어도 좌절하지 않고 어떻게 해야 아빠를 이길 수 있을지 고민했습니다. 다시 목표를 세우고 실행하기 시작했습니다.

아빠는 흔쾌히 아이의 도전을 받아주고 자신을 이겨서 넘기기를 기대했습니다. 아이는 졌지만, 눈은 반짝거렸고 미소가 떠나질 않았습니다. 아이가 하고 싶은 것을 마음껏 행하도록 도와주고 싶다면 단지 아이의 행동에 감탄과 함께 아빠를 이길 기회만을 주면 됩니다. 그렇게 놀이를 시작해주십시오. '나를 이긴 너는 정말 대단한 사람이다. 뭐든 할 수 있다'라고 말입니다. 다만 너무 쉽게 져주지 말고 끝까지 싸워주셔야 합니다.

조절

확실히 공부를 잘하는 아이는 감정이나 신체의 조절력이 좋아 보입니다. 불편한 감정을 잘 감내할 수 있고 부정적인 생각 속으로 빠지지 않습니다. 제가 상담했던 아이는 단기 집중력이 매우 뛰어난 아이였습니다. 단기 집중력이 좋으니 시험 때 벼락치기를 해도 우수한 성적을 낼 수 있었습니다. 그래서 그 아이가 주변에서 항상 듣는 말은 '벼락치기 공부를 이렇게 잘하는데 평소에도 하면 정말 대단하겠다'라는 말이었습니다. 이런 말을 자주 듣다 보니 아이는 자기 생각에도 내가 평소에 조금만 더 하면 성적이 더 오를 수 있지 않을까 생각했다고 합니다. 단기간 내에 집중하니 시험성적은 잘 나오는 편인데, 만족스러운 성적을 내다가도 갑자기 점수가 뚝 떨어지는 기복이 심한 단점도 있어 고심해왔다고 했습니다. 아이를 평가하고 학습 유형을 살펴보니 아이는 스스로 주의를 조절하는 능력이 부족했습니다. 감정의 기복도 큰 편이라 기분 상태에 따라 공부가 잘되기도 하고 아예 집중이 안 되기도 했습니다. 그래서 아이에게는 스스로 주의를 조절하고 기분을 조절하는 능력을 키워줄 필요가 있었지만, 단기간 내에 주의집중력을 조절시키는 능력을 향상하기란 쉬운 일이 아니었습니다.

하지만 놀이를 통해서라면 가능합니다. 아이들은 노는 동안 조절력을 보너스로 얻기 때문입니다. 무엇보다 아빠와의 놀이는 조절

149

력을 키우는 데 상당한 효과가 있다는 사실은 익히 알려져 있습니다. 아빠놀이가 조절력과 밀접한 관련이 있는 것은 동적인 놀이가 대부분을 차지하고 가장 쉽게 접근할 수 있는 점 때문입니다. 사실 동적인 활동을 무조건 아빠놀이라고 규정지을 수 없지만 대부분의 아빠들이 엄마들보다는 씨름, 총싸움, 베개싸움과 같이 공격적인 놀이를 포함해 술래잡기, 야구, 축구 등 거의 대근육을 사용하는 놀이를 선호하기에 이런 활동을 아빠놀이 범주에 넣었습니다. 활동적인 놀이를 좋아하는 아이가 아빠와의 놀이시간을 고대하는 것은 당연한 일입니다. 아빠와 동적인 활동을 하면서 아이의 신체와 정서 조절력을 키울 수 있습니다. 아빠의 낮은 목소리와 힘 있는 근육의 움직임이 아이에게 안정감을 줍니다. 아빠와 팔씨름을 하든 몸으로 레슬링을 하든 아빠는 놀이할 때 말을 할 수밖에 없습니다. 어떤 놀이를 할 때도 '준비, 시작, 공격, 그만'과 같은 신호가 나옵니다. 아이와 공놀이를 할 때도 그렇습니다.

"준비됐니?"
"자, 던진다."
"받아라."
"받았다."

아빠의 낮고 확고한 목소리는 아이에게 안정감을 주며 자신의 행동 한계를 스스로 정합니다. 준비할 때는 준비자세를 하고 눈을 마주치고 집중하며, 공을 던지거나 받는 자세를 취합니다. 그러니까 아이는 아빠의 신호에 경청하게 되면서 몸을 스스로 조절합니다. 엄마놀이보다 아빠놀이가 조절력에서 훨씬 높은 효과가 있는 것을 보면, 아빠의 목소리와 아이를 바라보는 힘 있는 시선과 몸의 움직임은 아이가 스스로 몸의 한계를 설정하는 데 더 큰 힘을 발휘합니다. 이 역시 발달적인 관점에서도 설명할 수 있습니다. 프로이드는 아버지가 금지의 역할을 나타낸다고 했습니다. 한없이 어머니 품에서 마음껏 행동하다가도 3~4살 때 엄한 표정의 아버지가 "안돼"라고 말하는 것을 듣는 경험은 아이에게 좌절을 준다고 합니다. 아빠의 "안 돼"는 현실에서 규칙을 받아들이고 마음대로 하고 싶은 마음을 참는 힘을 기릅니다. 그것이 아이의 신체와 기분을 조절하는 데 지대한 영향을 끼치므로 아빠의 낮은 목소리는 자주 들려줘야 합니다.

아빠는 아이를 밀치기도 하고 아이에게 밀침을 당하기도 합니다. 그러면 아이는 울음을 터뜨리고 토라지기도 하고 화를 내기도 합니다. 아빠 힘에서 밀렸으니 억울하기도 하고 분하기도 하고 아프기도 하다는 표현입니다. 아빠도 억울할 수 있습니다. 아빠도 맞고 밀쳐지고 아이가 매달리면 최선을 다해 버텨야 하지요. 그러다 아이에게 얼굴이라도 맞으면 기분도 나빠지고 짜증스러운 기분을 억누르는데 아이가 먼저 울어버리니 참으로 억울한 일이 아닐 수 없습니다. 이내 아빠는 버럭 화를 내고 맙니다. 즐겁자고 놀이를 시작했는데 어느새 기분만 나빠진 채 놀이는 끝이 납니다. 상담할 때 제게 묻습니다. "어떻게 하면 될까요?" 그러면 저는 "맞아주셔야죠" 라고 말합니다. 아버지들은 "그건 옳지 못하지 않을까요?", "그러다 가 학교 가서 애들을 때리는 게 당연해지면 어떡하죠?", "어떻게 아빠를 때리죠?"라고 묻기도 합니다. 사실 아이들은 놀 때 그런 생각 들을 하지 않습니다. '내가 놀다가 문제가 되면 어떡하지?', '쟤랑 놀다가 무슨 문제라도 나는 거 아니야?'라는 생각이 든다고 가정해본다면 노는 데 무슨 재미가 있을까요? 놀다가 수업시간처럼 설명을 듣는다면 얼마나 지루할까요? 한참을 웃다가 혼이 나고 울어야 하는 것만큼 조절력을 떨어뜨리는 데 방해가 되는 것이 없습니다. 왜냐하면 내 몸의 조절력은 억지로 아빠에 의해 조절되는 상태니까요. 그럼 어떻게 해야 스스로 조절할 수 있을까요?

> 아빠: 누가 준비와 시작을 알려줄까?
> 아이: 이번에 내가 할래요.
> 아빠: 그래. 네가 준비하고 시작을 알려줘. 그럼 공격할게.
> 아이: 준~비, 시작!
> 아빠: 공격~. (아빠가 먼저 쓰러진다.)
> 아빠: 아빠 쓰러진다. 아빠 살려~ 아빠 죽을지도 몰라.

놀이는 상호작용입니다. 가르침을 받지 않아도 아이는 언제 멈쳐야 하는지 알고 있습니다. 제가 아버지와 아이가 함께 놀이할 때 지켜본 바로는 아이는 아빠와 교감을 이루고 있어서 아빠의 말과 몸짓에서 언제 그만둬야 하는지 알고 있습니다. 그리고 몸의 힘을 조절할 수 있습니다. 공격하는 것 자체에 즐거움을 느끼는 것이 아니라 아빠와의 교감에 즐거움을 느끼기 때문에 멈추고 웃으면서 숨을 고를 수 있습니다. 놀이치료 장면에서도 아이는 항상 언제 멈춰야 하는지 알고 있습니다. 놀이는 포화점이 있어서 '잘 놀았다' 싶으면 스스로 몸의 힘을 빼고 승리의 기쁨을 느끼며 숨을 고르게 됩니다. 만약 아이의 에너지 수준이 높아 부족하다고 아이가 느끼는 것 같으면 서로 공격하는 시간을 늘리면 그만입니다. 아빠와 흔히 축구, 농구, 야구 등등 스포츠 놀이를 많이 합니다. 아빠가 하는 실수는 규칙을 매우 중요하게 생각하는 것과 승점을 내기 위해 마치 선수처럼 교육하려는 것입니다. 놀이에서 교육적인 설명은 거의 통제에 가깝다고 볼 수 있습니다. 그저 규칙을 알려주고 함께 웃으면 저절로 얻고자 하는 것을 얻을 수 있습니다.

아빠가 딸에게 수영을 가르치고 있었습니다. 여자아이는 한 4살 정도였습니다. 아빠는 구명조끼를 입은 아이에게 "팔을 이렇게 하면 된다고. 아니, 아빠 말을 들어야지. 그냥 힘을 빼야 몸이 뜬다니까. 옳지. 잘했어. 아빠랑 수영하니까 재밌지?"라고 말합니다. 하지만 아이는 무표정한 얼굴로 아빠를 쳐다보기만 했습니다. 아이는 즐거워 보이지 않았고 오히려 지쳐 보였습니다. 조절능력은 훈련과 통제에서 길러지는 것이 아니기 때문입니다. 아낌없이 에너지를 발산한 후에야 애쓰지 않아도 몸이 뜻하는 대로 움직이게 됩니다. 마치 바람을 너무 많이 넣으면 살짝만 건드려도 터져버리는 원리와 같습니다. 바람을 적게 넣은 풍선이 훨씬 더 자유자재로 움직일 수 있으니까요. 혹여라도 아이가 너무 흥분했거나 조절이 되지 않는다면 솔직하게 기분을 전달하면 됩니다.

유능감

"우리 아이는 조금만 문제를 비틀면 못 풀어"라는 말을 들었습니다. 개념 이해도 잘하고 문제 유형도 잘 파악해 정답률이 높지만, 문제의 의도를 잘 이해해야 하는 서술형 문제나 처음 접하는 수학의 응용문제는 고차적인 사고력과 유능감이 필요한 영역입니다.

지능 검사할 때 보면 아이마다 천차만별의 태도를 보입니다. 어떤 아이는 너무 불안해 실수하기도 하고 너무도 쉬운 문제도 성급히 결론 내려 오답을 내기도 합니다. 또 대충 훑어보면서 빠뜨리기도 하고 너무 심사숙고한 나머지 시간 안에 해결하지 못하기도 합니다. 알고 있는 익숙한 문제는 자신 있게 대답하지만, 처음 접하는 문제는 얼어붙는 표정을 보이기도 하며 대답하지 않기도 합니다. 또 처음 보는 문제지만 나름 손가락을 짚어가며 해결하려는 노력을 기울이는 아이도 있습니다.

지능이라는 것이 그렇습니다. 지적인 능력을 측정하지만 문제를 풀어내는 속도, 집중, 문제해결능력, 유연성, 전략을 발휘하는 힘 등등 총체적인 사항들이 함께 측정됩니다. 어머니들이 지능 점수를 보곤 '우리 아이가 낯선 곳에서 긴장해서 실제 능력을 반영한 것 같지 않다'고 합니다. 물론 맞는 말입니다. 그래서 지능 검사 시 그러한 부분을 감안하고 잠재 지능을 측정하기도 하지만, 그러한 상황 속에서도 자신이 가진 능력을 얼마만큼 발휘할 수 있는가도 지능의 범주 안에 들어갑니다. 학습도 마찬가지입니다.

학원에서는 항상 1등 하는 아이가 있습니다. 성실하고 똑똑했으며 학습 동기도 매우 높았습니다. 그런데 시험만 보면 준비했던 것에 반의반도 미치지 못하니 선생님들이나 부모님의 안타까움을 샀습니다. 무엇보다 스스로 매우 답답해했습니다. 아이의 여러 평가 결과 유능감이 부족한 것이 가장 큰 작용으로 나타났습니다. 실제로 아이는 시험을 볼 때 손바닥이 흥건히 젖을 정도로 긴장했고, 처음 문제에서 막히면 어쩔 줄 모르고 당황하며 그 과목의 시험은 망쳤습니다. 수학시험에서도 문제를 풀다가 막히면 불안에 압도돼 이후의 문제들은 거의 풀지 못하는 상태가 돼버렸습니다.

공부를 잘하는 아이가 불안하다니 의아하시지요. 어느 정도 자신감을 가져도 되고 뽐내도 될만한 실력을 갖춘 아이가 늘 푸는 문제에 당황할 수 있다는 사실 자체도 놀라우실 것입니다. 그래서 원인을 살펴보니 아빠의 양육 태도에 있었습니다. 아버지는 검사 출신 변호사였고 아이의 존경을 받았습니다. 아이의 꿈도 '아버지 같은 훌륭한 분'이었습니다. 아버지와 사이가 친밀했고 대화를 자주 나눈다고 했습니다. 하지만 아이는 '아버지를 존경하지만 어려워요. 어릴 때 아버지와 정말 놀고 싶었는데 늘 바쁘셨어요. 지금은 좀 어색해요. 아버지가 자주 대화하려고 하지만 솔직히 피하고 싶어요. 아버지는 제 공부에 관심이 많으세요. 바쁜 중에도 학습지를 뽑아 문제를 풀게 했어요'라고 어른스럽고 담담한 목소리로 자신의 마음을 풀어냈습니다. 아버지는 아이의 유능감과 학습에 도움을 주려고 부단히 애썼다고 합니다. 정말 바쁜 와중에도 공부를 도와주려고 밤늦노록 지켜봤다고 합니다. 대체로 문제를 해결할 때는 합리적인 생각이 중요합니다. 지붕이 무너지면 지붕을 고쳐야 하고 못을 박으려면 망치로 두들기면 됩니다. 문제가 생기면 합리적으로 해결하면 되는데, 사람은 왜 합리적으로 해결되지 않을까요? 유능감을 키워주려면 유능감을 키워줄 수 있는 말을 해주면 되는데 왜 말을 해줘도 이뤄지지 않는지 참 이상합니다. 아이의 유능감을 키워주는 방법으로 아빠와의 놀이를 시작했습니다. 아이는 이미 청소년기라 몸으로 노는 것보다 잡담의 놀이를 선택했습니다.

아빠의 놀이는 유능감을 높일 수 있습니다. 유능감은 아이가 남들보다 잘한다는 생각일 수 있고 자기의 능력을 충분히 발휘해 발생한 문제를 잘 해결하려는 마음일 수 있습니다. 유능감을 가지려면 자신의 능력이 무엇인지 잘 알아야 합니다. 아이들은 자기가 무엇을 남들보다 잘하는지 알기가 어렵습니다. 단지 "넌 이것을 잘하는구나"라는 부모님의 말 속에서 확신할 수 있을 뿐입니다. 자신의 능력과 상관없이 뭐든 잘하고 싶고 잘한다고 착각하기도 합니다. 매우 당연한 일입니다. 다만 확신이 없어서 아빠에게 물어보는 것입니다. "저 잘하죠?"라고 말입니다. 그러면 아빠는 되돌려 줘야 합니다. "그래, 너는 잘한다"라고 말입니다. 아빠가 왜 유능감을 키우는 데 엄마보다 더 강할까요? 왜냐하면 아빠는 아이의 유능감을 키울 도구가 있기 때문입니다.

아빠는 객관적인 세계에서 산다고 합니다. 상황에서 드러나는 객관적인 사실에 더 치중해 판단한다는 것입니다. 객관적인 사실을 민감하게 파악할 수 있는 도구는 아이의 유능감을 올리는 데 매우 중요하며 아이에게 미치는 영향은 엄마보다 더 강력합니다. 방법은 매우 단순합니다. 먼저 아이와 놀이를 하고 그다음은 아이의 놀이를 관찰하십시오. 아빠는 아이의 행동과 이유를 논리적으로 연결할 수 있는 능력이 있음을 믿으십시오. 간혹 골프나 당구 등 스포츠에 빠진 아빠들은 항상 생각합니다. '내가 이긴 전략을, 내가 진 이유를, 무엇이 안 되는지, 무엇에서 약점인지' 항상 생각합니다. 그것처럼 아이의 놀이도 관찰할 수 있습니다. 그리고 아이에게 발견한 점을 말하면 됩니다.

〈체스하면서〉

아빠: *아. 알았다. 네가 날 이긴 방법을 알았어.*

아이: *뭔데?*

아빠: *네가 아까 퀸을 이쪽으로 옮겼잖아. 과감하게 공격하더라.*

체스

〈도둑잡기 게임하며〉

아이: *아빠. 내가 어떻게 잡았는지 알아?*

아빠: *모르겠어. (실은 알고 있습니다.)*

아이: *내가 뒤에서 살금살금 가서 주사위 3만 나오기를 기다렸지.*

아빠: *아. 그랬구나. 그래서 내가 당했네.*

아이: *아빠는 당한 거지. 다음번에 어떻게 할지 내가 알려줄게.*

아이는 자신이 문제를 해결하려고 어떠한 전략을 쓰는지 알기도 하지만 모를 수도 있습니다. 하지만 아빠는 아이의 숨은 전략을 찾아내어 발견해줘야 합니다.

158

아이: *졌어. 아, 이번엔 졌네.*

아빠: *응. 내가 이겼어. 근데 아까 나 깜짝 놀랐어. 그걸 생각할 줄은 몰랐거든.*

아이: *어떤 거?*

게임에서 진다고 해도 심지어 숨바꼭질한다 해도 어디에 기가 막히게 숨었는지, 아빠를 골탕 먹이려고 했는지 알 수 있습니다. 그 순간 아이의 반짝이는 유능감을 발견할 수 있습니다. 조금의 노력과 관찰만 있으면 발견할 수 있습니다. 그림을 그려도 레고블록을 만들어도 발견할 수 있습니다. 함께 길을 걸어도 놀이터에서 잡기 놀이를 해도 발견할 수 있습니다. 아이들은 아무 이유 없이 행동하는 것은 없기 때문입니다. 그 이유를 알아주고 유능감으로 다시 포장해서 아이에게 되돌려줄 수 있습니다.

아이는 자신의 능력에 대해 본래 과대적이고 대단하다고 생각합니다. 단지 그것을 아빠에게 줬고 아빠로부터 되돌려받기를 원합니다. 우리는 단지 발견하기만 하면 됩니다. 단순히 '잘한다'가 아니라 '아, 네게 이런 생각이 있었구나. 네가 이것을 나에게 보여줬구나. 참으로 신기하다'라고 말입니다. 그런데 그것을 아빠로부터 되돌려받지 못한다면 어떨까요? 아이는 무력해질 수밖에 없고 항상 맞는지 틀리는지 확인할 수밖에 없으며, 늘 확인하느라 에너지를 소모할지도 모릅니다.

칭찬은 금 찾기와 같습니다. 유능감도 마찬가지라 생각합니다. 두 눈 부릅뜨고 발견해주십시오. 아빠에게는 아이의 유능감을 찾는 능력이 있습니다. 아이와 놀 때 마지막에는 항상 져주십시오. 아이가 아빠를 이기는 기쁨은 매우 짜릿하며 세상을 얻은 기분일지도 모릅니다. 그리고 의기양양해집니다. 집에 돌아오기 전에 아이와 숨바꼭질을 하십시오. 현관문을 열자마자 아이를 큰 소리로 찾으십시오. 아이의 야망과 포부에 관해 설명하실 필요가 없습니다. 대신 수학문제를 풀 때 아이가 어떻게 풀었는지 관찰하고 감탄하십시오.

6

___

집중력을 높이는
엄마놀이

공감

학습에서 공감능력이 꽤 중요하다고 하면 의아하게 생각할 수도 있습니다. 요즘은 수행 평가가 많아서 친구들과 협업하는 과정이 학습 평가에도 매우 중요하게 다뤄지고 있습니다. 이처럼 수행 평가로 공감능력이 중요한 건 알겠지만 공부 자체에 공감능력이 필요하다는 사실은 쉽게 이해하기 어려울 수 있습니다. 공감은 머리로 다른 사람의 입장을 이해하고 가슴으로 그 사람의 기분을 자신의 것처럼 느껴보는 것입니다. 이것이 학습과 무슨 상관이 있을까요? 공부 자체가 지식을 습득하는 것이 아니라 체험적 지혜를 얻는 과정을 의미하기 때문입니다. 만약에 우리가 학교 공부를 지식적인 습득으로 종이에 써가며 달달 외웠다면 공부가 정말 싫었을 것입니다. 책을 좋아하는 아이가 말했습니다. "책을 쓴 사람과 대화하는 것 같아요"라고 말입니다. 이 아이는 책의 저자와 교감을 나누고 공감을 나눈 것입니다. 공감능력이 탁월한 아이는 지식적인 습득에 매달리지 않습니다. 그래서 공부가 수월합니다. 국어 지문을 읽으면 옛날이야기처럼 재미있고, 과학의 지식을 배우면 신기한 사실을 깨달은 기쁨으로 가득합니다.

아이들이 종종 말합니다. "사회시간에 배웠는데", "선생님께서 말씀하셨는데"라며 외우지 않고도 배운 지식을 말해줍니다. 그리고 "선생님도 그렇게 생각하세요?", "참 신기해요"라며 자신이 느낀 바를 나누고 싶어 합니다. 아이는 그 사회시간에 졸지 않았을 것이고, 새로운 사실을 알았으며, 그 사실을 자기 생각과 기분과 연결해 고민했을 것이고, 느낀 바를 부모님들과 나누고 싶었을 것입니다. 공감능력이 탁월한 아이는 이것을 할 수 있습니다. 그래서 공부가 어렵지 않습니다. 지적 호기심과도 연결이 될 수 있지만 공감능력이 좋은 아이는 지식을 지혜로 받아들이고 자신의 것으로 만들 힘이 있습니다. 확실히 공감능력이 다소 부족한 아이는 지식을 지식으로만 이해하는 경향이 높은 것 같습니다. 그래서 금세 글자 하나 틀리지 않고 외울 수 있는 능력이 있지만 이 지식을 나와 다른 사람과 또 창의적인 어떠한 새로운 생각과 연결하는 데는 정말 큰 어려움을 느낍니다.

미래를 생각하면 공감능력이 학습에 얼마나 중요한 자원인지 실감하게 됩니다. 미래에는 지식을 습득하는 것은 중요하지 않습니다. 왜냐하면 인공지능이 우리가 외운 것보다 훨씬 더 많은 양을 가지고 있을 테니까요. 지금도 벌써 아이들은 네이버와 같은 검색창에 모르는 지식을 찾아봅니다. 미래에는 더 이상 지식을 많이 가진 사람은 그다지 이점이 없을 것입니다. 우리는 그러한 방면에서는 인공지능을 절대로 이길 수 없으니까요. 인공지능이 할 수 없는 공부는 공감능력을 활용해 배운 지식을 깊이 이해하고 자신과 다른 사람을 위한 답을 찾아가고 타협하며 체험적으로 깨달음을 얻는 공부입니다.

공감능력은 정말 한없이 강조해도 모자를 만큼 엄마놀이와 관련이 많습니다. 아이가 태어나서 엄마의 품에 안기는 순간 공감이 시작되기 때문입니다. 엄마와 놀이하는 순간 공감능력은 저절로 자랍니다. 하지만 엄마는 아빠만큼 바쁩니다. 생각도 마음속도 바쁠지 모릅니다. 그래서 아이의 놀이에 집중하기 어렵습니다. 놀이를 보면 아이의 마음이 보일 텐데 자꾸 바빠지는 마음에 아이의 겉모습만 보일 수도 있습니다. 또 싸움놀이가 부담스럽고 역할놀이는 무엇을 말해야 할지 어렵고 지루할 수 있습니다. 머리로는 알지만 바쁘고 여유 없는 엄마가 아이와 공감을 나누기는 참으로 어렵습니다. 가장 쉬운 방법은 아이의 놀이를 옆에서 가만히 바라보는 것입니다. 무엇을 가지고 놀이를 하는지, 무슨 말을 하는지, 어떤 표정을 짓는지 살피면 됩니다. 명심하실 것은 아이가 얼마나 잘 노는가가 아니고 아이의 말과 표정, 눈빛, 나에게 요구하는 것이 무엇인지 보는 것입니다.

위니캇은 '일차적 모성 몰두'라는 용어로 엄마가 아기에게 어떻게 몰두하는지 설명했습니다. 출산 전 몇 주부터 출산 후 몇 주까지 엄마의 현실적인 문제, 이를테면 경제적인 문제, 오늘 저녁 차림, 남편과의 갈등, 시댁과의 갈등, 일에서의 스트레스를 모두 배제한 채 아이의 욕구에 온전히 맞춰주는 것입니다. 아이는 엄마의 얼굴과 품과 목소리를 통해 자기를 발달시킵니다. 그래서 이 시기에 불안하지 않도록, 힘들지 않도록 배려하는 것이 매우 중요합니다. 만약에 엄마가 심리적으로 힘이 든다면 아이는 힘든 엄마의 얼굴을 봅니다. 그러면 아이는 자기만의 욕구를 채우지 못하고 발달에 방해를 받으며 엄마의 표정을 살피느라 아이도 같이 무엇이 문제인가를 고민합니다. 그렇게 되면 문제를 해결하려고 지능이 발달할 수 있겠지만 공감능력과 존재로서의 자기 발달은 어렵습니다. 아이의 놀이를 가만히 지켜보고 아이의 마음을 헤아려 주십시오. '아, 네가 이 놀이를 하고 있구나' 하면 됩니다. 아이의 놀이는 정신분석학적으로 무의식의 표현입니다. 그러니 아이의 놀이를 그대로 인정해주고 고개를 끄덕여주고 세심히 관찰해주는 것이 곧 아이의 마음을 그대로 받아들이는 것이고 공감의 시작입니다. 별로 어렵지 않습니다. 놀이가 어렵다면 옆에서 가만히 호기심을 가지고 지켜보십시오. 아이의 표정을 살피고 말을 기억하고 무슨 말을 하려는지 관찰하면 됩니다. 그것이 아이를 세상에 하나밖에 없는 아이로 자라게 하고 엄마로부터 받은 공감은 친구들에게도 그대로 되돌아가 공감적인 아이로 자라게 합니다.

164

통합

아이는 태어나서 바로는 보지 못하다가 이후 흑백을 구분하고. 색깔을 구분합니다. 소근육 역시 처음에는 손바닥 전체를 사용하다가 점차 손끝을 사용합니다. 이러한 발달이 그 개월 수가 되면 자연스럽게 이뤄지는 것 같지만 그렇지 않습니다. 엄마의 품과 촉감, 소리, 맛, 시각을 통해 감각이 발달하고 통합이 이뤄지기 때문입니다. 앞서 몸 감각의 통합발달이 얼마나 학습에서 중요한지 말씀드렸습니다. 몸이 잘 통합돼야 꿈을 실현하는 바탕이 되니 아이의 감각발달은 더없이 중요합니다. 아이가 태어나면 엄마는 아이를 품에 안고 따뜻한 시선을 아이와 맞추며 함께 손을 마주 잡고 잔잔한 노랫소리를 들려주며 젖을 물립니다. 이것은 아이를 안전하고 편안하게 잘 발달할 수 있게 합니다. 엄마의 촉감으로 아이는 피부 경계를 만들고, 엄마의 목소리로 다른 소리를 백색소음으로 만들며 엄마의 목소리에 집중한다고 했습니다. 그러니 엄마의 목소리에 화가 있으며 신경질적이고 짜증스러우면, 시선이 아이를 향하지 않고 멍하게 있거나 다른 곳을 응시하거나 화가 난 눈빛이면, 또 엄마의 촉감이 사라지면 아이는 제대로 감각을 발달을 시킬 수 없습니다.

요즘 팔이 아프다고 아이를 안아서 우유를 먹이지 않는 엄마가 늘고 있다고 합니다. 그러면 시선과 촉감, 품이 주는 감각의 발달을 저해합니다. 감각의 균형적 발달은 아이에게 안정감을 줍니다. 자신을 조절할 힘도 길러집니다. 혹시라도 아이가 운동성이 부족하다면, 소리에 지나치게 민감하다면, 이름을 불러도 잘 쳐다보지 않는다면, 지금부터 시작하면 됩니다. 따뜻한 시선과 품, 감미로운 목소리로 아이를 향하면 됩니다. 이론적으로는 알지만 실제로 적용하기란 쉽지 않습니다. 그래서 엄마놀이가 필요합니다. 놀이하는 순간만큼은 지붕이 무너질 것 같아도 집 밖에 재난이 일어날 것 같아도 아이 옆에서 집중하면 됩니다. 따뜻한 시선을 마주치고 예쁜 목소리를 들려주십시오. 가끔 손으로 아이의 등을 쓰다듬어주면 됩니다. 아이가 놀고 있다면 감각을 발달시키는 중이며 정말로 중요한 과업을 달성하는 중이니 옆에서 찬사의 시선과 감탄의 목소리를 들려주십시오. 무슨 말을 해야 할까요? 어떤 것이든 좋습니다. 가장 좋은 말은 아이가 하는 것을 그대로 인정해주는 것입니다. '아 네가 이렇게 놀고 있었구나. 네가 그린 그림은 이렇게 표현되고 있구나' 정도의 표현을 해주는 것입니다.

이해

다른 사람의 말이나 처한 상황을 잘 이해한다는 말은 자기 중심성에서 어느 정도는 벗어났다는 말입니다. 듣고 싶은 대로 듣는다는 말이 있듯 어른이 돼서도 소통이 잘 되지 않는 경우가 적지 않습니다. 이해는 참으로 중요합니다. 특히 우리나라와 같이 청강 수업이 많은 경우에는 잘 듣고 잘 이해해서 자신의 것으로 습득하는 과정이 중요합니다. 또 대인관계에서도 상황이나 말을 잘 이해하는 것은 중요한 사회적 능력 중 하나입니다. 경계선 지적기능 아이는 지능이 70~79 사이인 아이를 일컫는데, 이 아이들은 상황이나 타인의 말을 잘 이해하지 못합니다. 학습 습득을 상당히 어려워하고 사회적 기술 습득에도 어려움이 커 학교나 기관에 부적응을 나타내기도 합니다. 이 아이들의 이해력을 높이는 방법은 부모님이 아이의 말을 이해한 후 반영해주는 것입니다. 아이는 어른의 말을 이해하기보다 자신의 말을 이해하기 때문입니다. 자신의 말이 부모님께 이해받았을 때 이해력이 좋아집니다. 당연한 말 같지만 이보다 더 좋은 방법은 없습니다.

반영은 거울에 비친다는 뜻으로 아이의 말을 엄마가 듣고 잘 이해해서 요약해 되돌려주는 것입니다. 반영에는 여러 가지를 내포하고 있습니다. '엄마가 내 말을 잘 들었구나', '아, 내 생각이 그런 거구나', '내 기분이 엄마의 말과 같았나 보다', '엄마가 내 말을 잘 들어주니 내 말이 맞나 보다'라는 뜻입니다. 그러니 엄마가 되돌려주는 말은 아이의 말을 엄마가 매우 잘 이해했고 적극적인 관심을 보였으니 매우 중요한 말이 됩니다. 얼마나 기쁜 일일까요? 누구라도 내 말을 잘 들어주고 중요한 의미가 있는 것처럼 들어준다면 말로 끊이지 않을 것 같습니다. 아이도 마찬가지입니다. 엄마가 들려주는 말에 자신의 말뜻을 이해하고 상황을 이해합니다. 점차 나이를 먹게 되면 표현력이 세련되고 조리 있게 말할 수 있습니다. 다른 사람의 주장에 밀리지 않고 자신의 상황을 이해해서 다른 사람에게 조리 있게 표현할 수도 있게 될 것입니다. 자신의 감정을 잘 표현하지 못하면 울음이 많아지고 늘 억울해합니다. 그럴 때 엄마가 아이에게 "네가 생각한 것을 잘 말해야지"라고 다그쳐서는 안 됩니다. 이해력과 표현력은 말로 들어서 얻어지는 것이 아니기 때문입니다. 단지 아이의 말에 집중하고 다시 되돌려주는 것만으로 아이는 이해력과 표현력을 기를 수 있습니다.

집중

집중력은 학습에서 상당한 영향을 끼칩니다. 실제로 이해력이 좋아도 집중력이 부족하면 성취를 내기가 어렵습니다. 이런 경우 아이들도 무척 힘들어합니다. 성적을 올리는 방법 중 하나가 집중력을 키우는 것이라는 사실은 누구나 다 알고 있습니다. 하지만 집중력은 타고나는 경향이 강해 성격적인 특성으로 치부되기 쉽습니다. 유전이라는 설도 있고 아기 때 환경이라는 설도 있지만 중요한 것은 어른이 돼서도 자신만의 집중력 스타일은 쉽게 바뀌지 않는다는 사실입니다. 아이들은 좋아하는 것과 관심이 있는 것에 집중을 잘합니다. 그림을 그릴 때, 블록 놀이를 할 때, 정말로 놀랄 만큼 집중력을 발휘합니다. 밥을 먹지 않아도 배고프지 않을 만큼 집중합니다. 그런데 왜 공부할 때는 몸을 이리저리 비틀고 진득하게 앉아있지 못하고 들락날락할까요? 관심이 없어서 그렇습니다. 재미가 없을 수도 있습니다. 공부가 재밌어지면 집중력이 좋아진다는 이야기입니다. 이 말대로라면 무슨 걱정이 있을까요. 집중력은 엄마와의 관계와 관련이 있습니다. 집중을 잘하지 못하는 아이는 엄마도 집중력이 부족할 가능성이 있습니다. 이런 경우 엄마와의 의사소통을 관찰해보면, 대부분 엄마가 아이에게 집중하지 못하는 경우가 대부분입니다.

초등학교 3학년 아이가 공부할 때 집중력이 부족하다는 이유로 상담센터를 방문했습니다. 엄마는 산부인과 의사였고 공부에 대한 집중력이 매우 좋은 분이었습니다. 그래서 아이가 자신과 왜 다른지 알 수 없다며 답답해했습니다. 엄마와 아이의 놀이를 살펴보니 엄마는 온통 다른 생각에 빠져 몸만 아이와 함께 있지 마음은 아이와 함께하지 못했습니다. 아이는 계속해서 엄마를 불렀고 엄마는 세 번 중 한 번만 대답할 뿐이었습니다. 가정 내에서도 이런 일이 반복되는지 물었습니다. 엄마는 집안일과 병원일, 아이들 챙기는 일, 가족의 대소사를 챙기는 일 등 할 일이 너무 많아서 항상 바쁘다고 했습니다. 그러니 아이와 함께 있는 시간이 많더라도 실상 아이에게 집중한 시간은 별로 없었던 것입니다. 그래서 아이에게 집중할 수 있도록 정기적인 센터 방문을 권유했습니다. 센터에 오면 30분간 집중할 수 있도록 함께 놀이를 시작했습니다. 자신만 바라보는 엄마의 모습에 아이는 신났고 무엇을 해도 기뻐하고 즐거워했습니다. 아이의 집중력을 높이려면 매일 30초 시선을 맞추며 안아주고, 엄마를 부르면 딱 3분만 아이를 향해 멈춰 있으면 됩니다. 그리고 30분간 모든 것을 잠시 내려놓고 아이와 함께 놀이 공간으로 들어가면 됩니다. 이제 딱 30분간 집중할 수 있는 놀이 방법을 알려드리겠습니다.

7

하루 30분 놀이로 변화하는
우리 아이

부모님과의 놀이는 아이에게 산소호흡기와 같은 작용을 합니다. 아이와의 놀이로 관계를 개선하면 어떠한 어려움도 해결할 수 있습니다. 이것의 이름은 '특별한 놀이시간'입니다. 아이와 30분 놀 수 있는 시간을 정했다면, 아이와 함께 이름을 지어도 좋습니다. 아늑하고 산만해지지 않는 장소가 좋습니다. 아이가 놀이할 때 방해받지 않아야 안정감을 느낄 수 있고 엄마 역시 온전히 아이에게 집중할 수 있기 때문입니다. 또한 가능한 일정한 시간에 놀아주면 좋습니다. 아이

---

*부모님과 함께하는 '특별한 놀이시간'은 개리 랜드레스(Gerry L. Landreth)의 부모자녀 관계 치료를 바탕으로 했습니다.

가 엄마와의 특별한 놀이시간을 기억하고 기대하며 예측하기 때문입니다. 가정마다 상황이 다르므로 형편에 맞게 시간과 장소를 정하는 것이 좋습니다. 아이의 눈을 바라보고 잠시 현실의 일을 놓고 집중할 준비가 됐나요? 딱 30분입니다.

아이가 주도하도록 하라

가장 중요한 원칙입니다. 엄마는 배우가 되고, 아이는 감독이 됩니다. 즉 아이가 놀이의 모든 것을 계획하고 결정할 수 있다는 뜻입니다. 먼저 아이가 요구하는 대로 움직이십시오. 아이가 먼저 선택하고 계획을 세울 때까지 기다리시면 됩니다. 아이가 주도권을 갖는다는 것은 놀이의 시간이 아이의 시간이며, 전적으로 아이는 자유로움을 만끽할 수 있고 자기 존재를 상승시킬 수 있는 기회를 제공받을 수 있습니다. 즉 아이에게 주도권이 생기는 경험이 됩니다. 한 번도 주도해본 적이 없는 사람은 문제에서 어떻게 결정하고 선택하며 이끌어나가는지 방법을 모를 수 있습니다. 엄마, 아빠에게 결정할 기회를 물려받은 아이는 문제를 해결하는 데 힘이 들지 않습니다. 아이에게 어떤 학원을 고를 것인지 선택할 수 있도록 하는 것은 큰 부담이 될 수도 있습니다. 하지만 놀이에서 무엇을 선택하고 어떤 주제로 놀 것인지 선택하기는 매우 쉽습니다.

아이: *(검은색만 가지고 색을 칠한다.)*

엄마: *여러 가지 색을 쓰는 게 어떨까? 다양하게 쓰는 것이 좋잖아.*

엄마는 아이에게 주도권을 주는 걸까요? 엄마는 아이에게 물어보지만 친절하게 놀이의 주도권을 가져오고 있습니다.

아이: *엄마, 오늘 뭐 할까? 골라줘.*

엄마: *음. 그럼 오늘은 책을 읽을까?*

아이: *그건 싫은데.*

엄마: *엄마보고 고르라고 했잖아. 서로 타협하는 법을 배워야지.*

역시 아이에게 주도권을 주지 않습니다. 오히려 엄마가 아이에게 평소 '타협'이라는 행동을 가르치고 싶었던 것 같습니다.

다음은 아이에게 주도권을 주는 방법입니다.

아이: *엄마 우리 뭐 하고 놀까?*

엄마: *음. 그건 네가 결정할 수 있어.*

아이: *(로봇을 만지작거리며) 이건 뭐 하는 거예요?*

엄마: *네가 원하는 것 어떤 것이든 될 수 있지.*

아이: *(놀이시간에 뚜껑을 열려고 노력한다. 아이가 요구하지 않는다면 도와주지 않고)*

173

엄마: 뚜껑을 열려고 정말 애쓰네.

아이: 사람 좀 그려주세요.
엄마: 어떻게 그리는지 보여주겠니? 어떻게 그려야 할지 엄마
도 모르니 네가 보여주면 함께 해보자.

아이: 오늘은 엄마가 게임 골라.
엄마: 여기서는 네가 스스로 결정하는 거야.
아이: 그럼 이거 할래.
엄마: 뭘 하고 싶은지 생각했네.
아이: 오늘 먼저 이 게임 하고 조금 있다가 블록 만들자.
엄마: 뭘 할지 계획도 세웠구나.

아이가 마음껏 놀 수 있는 장을 마련해줘라

엄마, 아빠는 아이가 마음껏 놀 수 있는 장을 마련해줘야 합니다.
엄마, 아빠가 아이의 놀이를 거절하고 질책하며 지시하는 것은 아이
가 안전하게 놀 수 있는 장을 마련해주지 못한 것입니다. 엄마, 아빠
의 허락은 아이를 안심시킵니다. 안심한 아이는 자기표현이 자발적
이고 감정을 자유롭게 발산할 수 있습니다. 이것은 놀이 속에서 나오

는 아이의 이야기들을 엄마, 아빠가 이해하고 받아주는 과정에서 이 뤄집니다. 아이의 이야기를 받아준다는 것은 아이에게 자유로움을 느낄 수 있게 해줍니다. 이를 위해서는 엄마, 아빠가 인내심을 가져야 합니다. 조급하지 않고 현실에서 요구하는 기대들에서 조금은 멀리 떨어져 아이가 무슨 생각을 하는지, 어떤 마음인지 궁금해하며 아이의 이야기에 귀를 기울이십시오. 아이의 대답을 재촉할 필요가 없습니다. 아이가 펼치는 놀이를 호기심 가득한 시선으로 바라보고 놀라워하기만 하면 됩니다.

아이: *(자동차끼리 부딪친다.)*

엄마: *자동차가 아야 해. 조심히 가지고 놀아야지.*

엄마는 아이의 공격성을 수용하기가 어려웠을 것입니다. 아이가 다른 곳에서도 과격해지거나 물건을 소중히 다루지 못할 것 같은 걱정이 앞섰겠지요. 현실에서 요구하는 법칙을 요구할 필요가 없습니다. 아이는 오히려 자신의 놀이를 충분히 수용 받을 때 공감 능력이 생기고 사람에게 무엇을 하고 하지 말아야 하는지 판단할 수 있습니다.

아이: *(저번과 같은 놀이를 반복한다.)*

엄마: *오늘은 한번 이걸 가지고 놀아볼까? 새로운 것도 가지고 놀아봐야지.*

175

엄마는 다양한 체험을 해주고 싶어 합니다. 또한 놀이시간에 아무것도 하지 않는다면 불안해져 "그림이라도 그려볼까?"라고 말을 건네기도 합니다. 아이가 재미없을 것 같은 걱정과 엄마로서 안내해주고 도와줘야 한다는 생각이 들게 됩니다. 이제부터 30분 놀이시간에는 아이를 믿으면 됩니다. 아이가 놀이를 스스로 찾아야 하고 심지어 아이가 '아무것도 하고 싶지 않은' 기분과 생각을 나타낸다면 그것까지도 부모님이 수용해야 합니다. 그러면 아이는 언젠가 스스로 어떻게 해결할 것인지 알아냅니다. 그때까지 믿고 기다려주면 됩니다. 실제로 부모님들은 이미 아이들의 행동, 생각, 기분을 알기에 먼저 문제를 해결해주고 싶어합니다. 아이에게 마음껏 펼칠 수 있을 만한 환경을 마련해주는 것은 아이가 먼저 해볼 수 있도록 기다려 준다는 뜻입니다.

물리적인 환경 역시 중요합니다. 요즘은 아이의 행동을 변화시키기 위해서 아이를 둘러싼 환경을 바꾸는 추세입니다. 어떤 학교 급식에서 아이들이 밥을 많이 남겨 '밥, 반찬 남기지 않기 캠페인'을 열었으나 별다른 효과가 없었다고 합니다. 대신 급식 판 밥을 넣는 자리에 금을 그어주니 아이들이 적당량만을 담고 남기는 일이 적어졌다고 합니다. 이렇듯이 "뛰지 마라", "아래층에서 싫어해", "남에게 피해를 주면 안 돼"라는 말을 하기 전에 마음껏 뛸 수 있는 장소를 정해주십시오.

아이가 하는 놀이를 추적하라

　부모님들이 아이의 놀이를 반영하기 어려워하십니다. 부모님은 아이와 함께 친밀하게 상호작용하기를 원하지만 아이가 자신만의 놀이에 빠지는 데 실망하거나 혼자 놀이하는 모습에 점차 부모님도 말수가 적어지고 재미없어하기도 합니다. 하지만 아이가 혼자 놀이를 하든지 엄마에게 역할을 주며 놀이에 참여할 것을 요청하든지 엄마, 아빠는 아이가 하는 놀이를 끝까지 추적해야 합니다. 그것은 30분 놀이에 매우 중요한 부분입니다. 아이가 거의 말없이 하는 내용과 어떤 특별한 감정을 표현하지 않아도 아이의 행동을 추적하는 것은 엄마, 아빠가 아이의 세상에 관심이 있고 이야기에 집중하고 있으며 이해하려고 노력한다는 것을 느끼게 해주는 단서기 때문입니다. 아이의 놀이에 끝까지 추적하는 것은 '하나도 놓치지 않고 너의 이야기를 듣고 싶어'라는 말과 같습니다. 그럼 어떻게 추적할까요? 부모님이 명심해야 할 태도는 추적을 위한 추적이 아니라는 것입니다. 너무 많은 말을 하게 되면 아이는 놀이에 방해를 받거나 간섭당한다고 느낄 수도 있습니다. 그러니 '나는 여기에 있어. 나는 듣고 있어. 나는 너를 이해해'와 같이 함께 있어 준다는 의미로 아이 옆에 앉습니다. 그리고 아이의 말이나 감정, 행동에 반응합니다. 추적하는 반응의 예시를 들어보겠습니다.

아이: *(트럭을 밀고 있다.)*

엄마: *그것을 밀고 있구나.*

아이: *(갑자기 일어서서 방 안을 둘러본다.)*

엄마: *무엇인가 찾으려고 둘러보고 있구나.*

쉽게 말해, 아이의 말과 행동이나 드러난 감정을 읽어서 아이에게 되돌려주는 것입니다. 반영이라고도 합니다. 아이의 생각과 감정을 헤아리는 가장 좋은 방법입니다. 생각해보십시오. 판단 없이 있는 그대로 내 말을 수용해주는 상대가 있다면 얼마나 편안하고 안심이 되겠습니까. 그러면 더 신나서 말하게 되고 내 말이 중요하니 나 자신도 중요한 사람 같아집니다. 아이도 마찬가지입니다. 엄마가 있는 그대로 놀이를 봐주고 이해하려고 노력하며 나를 봐준다면 아이는 편안하게 자신의 이야기를 마음껏 펼치고, 자신을 엄마가 바라보는 시선처럼 중요한 사람으로 느낍니다.

자칫 잘못하면 아이가 아닌 물건에 초점을 맞추는 경우가 나타나는데, 이를 주의하는 것이 중요합니다.

아이: *(자동차를 빙글빙글 돌리고 있다.)*

엄마: *자동차가 빙글빙글 돌고 있네.*

의도는 아닐지라도 자동차가 주인공이 돼버렸습니다. 자동차를 돌리는 주체인 아이의 행동에 초점을 맞춰야 합니다.

엄마: *네가 자동차를 빙글빙글 돌리고 있구나.*

이 정도가 무난한 추적반응입니다.
또 해보겠습니다.

아이: *여기 화산이 터지고 있어요.*

어떻게 반응해야 할까요? 엄마는 이 말을 듣고 어떤 생각이 들었습니까? 단지 화산이 터졌습니다. 그뿐이죠.

엄마: *화산이 터지고 있구나.*

이 정도로 추적하면 됩니다. '아, 그렇구나. 그런 일이 일어났구나'의 정도로 이해한 바대로 아이의 말과 행동을 읽어주면 됩니다. 조금 더 괜찮은 추적반응을 보겠습니다.

아이: *화산이 터졌어요.*
엄마: *아, 여기에 화산이 터졌구나.*
아이: *동물들이 도망쳐야 돼요.*

이럴 때는 어떻게 추적할까요? 엄마가 '동물이 도망치고 있네'라고 한다면 반영을 안 한 것은 아니지만 아이의 말을 대충 들은 것 같은 느낌입니다. 아이의 말을 깊이 들었고 이해했다면 아래와 같이 말해보십시오.

엄마: 여기에 화산이 터졌고 동물들은 도망쳐야 하는구나.

다시 말해, 아이의 말을 앵무새처럼 옮기는 것이 아니라 엄마가 듣고 이해해서 다시 엄마의 말로 되돌려주는 것입니다. 상대방이 내 말을 따라 한다고 하면 얼마나 짜증스러울까요? 아이도 마찬가지입니다. 아이의 말과 행동을 진지하게 듣고 이해한 후에 추적반응을 사용하는 것이 방법입니다.

아이의 감정을 반영하라

놀이는 아이의 언어입니다. 아이들은 놀이를 통해서 경험과 감정을 우리에게 보여줍니다. 놀이를 통해 의미 있게 전달하려고 노력합니다. 아이의 유치원 생활을 말해주지 않는다고 답답해하지 않아도 됩니다. 아이는 이미 엄마, 아빠에게 자신의 상황을 놀이를 통해 이야기하고 있으니까요. 단지 엄마, 아빠는 예리한 관찰자가 돼야 합니다. 아이의 감정을 반영하는 것은 아이가 자신의 감정이 매우 중요하며 가치 있게 여기고 자신도 감정을 표현하는 능력이 있다는 것을 느낄 수 있게 도와줍니다. 아이의 놀이 속에 나타난 감정을 반영하는 것은 아이의 말과 행동을 추적하는 것보다 더 어려울 수 있습니다. 감정 반영을 쉽게 하려면 아이를 세심하게 관찰해야 합니다. 관찰한 후에야 아이의 마음이 읽히고 어떠한 기분이었을지 공감이 되기 때문입니다. 그렇지 않으면 성급하게 결론 내리고 아이의 행동에 초점을 맞추며 지적하거나 훈육하기 쉽습니다.

부모님들은 "나도 아이에게 화내기 싫어요", "왜 그런지 아이의 마음을 알고 싶어요"라고 합니다. 아이와 마음이 통하고 싶은가요? 그렇다면 아이의 감정을 관찰하고 반영해주길 바랍니다. 또 한 가지 중요한 점은, 아이들은 엄마 얼굴을 관찰하며 자신의 감정을 이해한다는 것입니다. 엄마 얼굴에 나타난 표정과 분위기, 말투, 언어 표현 등을 보면서 자신의 감정을 이해하고 자존감을 만듭니다. 그런데 아이와 일치하지 않은 감정을 보이거나 말과 다른 분위기, 말투가 있다면 아이는 참으로 불안할 것입니다. 친절하지만 나를 비난하는 말, 따뜻하지만 나의 기분을 알아주지 않는 말이라면 얼마나 헷갈릴까요? 엄마의 표정, 분위기, 말투가 일관되게 모두 아이의 감정을 반영할 수 있어야 합니다.

아이들은 엄마의 얼굴을 돌려 자신을 바라보게 한 다음 말하거나 자신이 하는 놀이를 보여주고 싶어 합니다. "엄마, 나 좀 봐봐. 봐봐"라고 말입니다. 아이들은 엄마의 얼굴에서 자신이 무엇을 보는지 어떤 기분을 느끼는지 확인하고 그에 따라 반응합니다.

　감정을 반영하는 방법 첫 번째는, 아이 이름을 부르지 않는 것입니다. 감정을 느끼는 주체는 우리, 즉 너와 나이므로 3인칭을 쓰지 않습니다. 부모님은 "아이에게 '네가' 혹은 '내가'라고 하세요"라고 하면 뭔가 친절하지 않고 딱딱하다고 합니다. 하지만 너와 나 단둘이 감정을 공유하는 것이므로 아이의 이름을 부르는 것은 감정을 공유하는 과정에서 공감받는다는 기분을 반감시킵니다. 그러므로 30분 놀이시간만큼은 '네가'를 앞에 붙여주십시오. 두 번째는 "네가 행복해 보이는구나", "네가 즐거워 보이는구나", "네가 화가 나 보이는구나"라고 감정을 말해주십시오. "네가 블록을 완성하니 매우 뿌듯해하는구나"라고 말해주셔도 됩니다. 엄마가 자신의 마음을 알고 이해하고 있다는 사실을 확인해주는 것입니다. 또한 "네가 문제가 잘 풀리지 않으니 화가 나 보인다"라고 한다면 아이는 부정적 감정을 느끼는 것도　안심할 수 있습니다.

　(장난감이 원하는 대로 움직여지지 않는다.)

아이: *에잇. 어려워.*

엄마: *짜증 내지 말고 천천히 해보자.*

　이렇게 말한다면 아이는 짜증 내는 감정을 엄마에게 수용받지 못한 것입니다. 부정적 감정도 수용받을 수 있다는 것은 자신의 감정이 긍정적이든 부정적이든 소중하고 '괜찮다, 이해한다, 그럴 수 있다'는 뜻을 아이에게 전달하는 것입니다. 이 말을 들은 아이는 세상에 진정한 내 편 하나 얻은, 세상을 살아갈 만한 충분하고도 넘칠 식량 같은 자원을 얻은 것과 마찬가지입니다.

마지막으로 질문하지 않아야 합니다. "너 혹시 화났니?"라는 질문은 '나는 너를 이해하지 못했다'와 같은 말이기 때문입니다. 내가 사랑하는 배우자가 나에게 "당신 화났어?"라고 묻는다면 어떤 마음이 들겠습니까?

제한을 설정하라

제한을 설정하는 것은 정말 30분 놀이에 꽃이라고 불릴만합니다. 아이에게 안전하고 예상 가능한 환경을 만들어주는 역할을 합니다. '안 돼'라는 말은 아이가 속상할 수 있지만 안정감을 주는 말이기도 합니다. 떼가 심한 아이는 '안 돼'를 받아들이지 않습니다. 떼를 피우고 자신이 원하는 대로 하지만 결국에는 무엇을 하고 하지 말아야 하는지에 대한 지침이 없어 불안합니다. 어린아이가 감당할 수 없는 허용 범위 수준을 넘나든다면 그 불안은 더욱 심해질 것입니다. 혹시 아이에게 해보라고 멍석을 깔아주면 너무 부끄러워하지만, 그러지 않아야 할 장소에서는 목소리와 행동이 커져 주변의 관심을 받게 되는 일을 경험해본 적이 있나요? 그렇다면 아이는 무엇을 해야 할지 불안해하는 것이고 어떻게 행동하면 좋을지 통제력을 얻지 못했다는 것입니다. 결국 제한 설정을 안전하게 받지 못했다는 뜻도 됩니다. 놀이에서 엄마, 아빠가 제한을 잘 설정해주는 것은 아이에게 자기통제력과 책임감을 형성할 기회를 제공합니다. 그리고 제한은 아이에게 정서적 안정감을 줍니다. 놀다가 아이는 엄마, 아빠를 때리거나 장난감을 부수고 싶어 하며, 벽에 낙서하고 싶어 하고, 공으로 엄마를 맞히거나 화살을 겨눕니다. 게임에서는 속임수를 쓰고 싶어 합니다. 문제는 엄마를 때리고 나서, 속임수를 쓰고 나서, 장난감을 부수고 나서 죄책감을 가질 수 있습니다. 엄마, 아빠 눈치를 보게 되고 불안해집니다. 그러니 제한을 잘 설정을 해주는 것이 아이가 예측할 수 있으므로 안정감을 주는 것입니다. 규칙은 간단합니다. 제한은 아이가 행동하기 전에 하지 않습니다. 그리고 허락되지 않는 것을 분명하게 말합니다.

때로 아이들은 흥분되는 기분에 자신의 행동을 의식하지 못하면서 책임감 또한 사라지게 됩니다. 그러니 책임을 줄 수 있는 말로 합니다.

아이: *(물감을 바닥에 쏟으려고 한다.)*
엄마: *바닥에 쏟으면 안 돼.*

위와 같이 말하기보다는 책임을 줄 수 있는 말로 "바닥에 물감을 쏟을 수 없어"라든지 "바닥은 물감을 쏟는 곳이 아니야"라고 말할 수 있습니다. 그리고 나서 대안을 제시해줍니다. "여기 종이 위에다 쏟는 것은 괜찮아"라고 말입니다. 그러면 아이는 무엇을 할지 선택합니다. 결정하게 되는 것입니다. 그렇다고 아이들이 모두 우리가 원하는 대로 하는 것은 아닙니다. 그런데도 바닥에 쏟거나 나를 향해 화살을 겨누거나 때린다면 어떻게 할까요? 규칙은 이렇습니다. '아이가 결정하는 것이며 결정에는 책임이 따른다'입니다. 아이가 바닥에 쏟았다면 물감놀이는 할 수 없게 됩니다. 또한 제한은 현실 속에서도 안 되는 것은 놀이시간에도 되지 않는다는 경계를 배우게 됩니다. 제한을 설정하는 세 가지 순서가 있습니다. 하지 못하게 하는 것이 아니라 제대로 할 수 있게 도와준다고 생각하십시오.

1단계: 아이의 감정, 소망, 욕구를 인정합니다.
2단계: 제한을 설정합니다.
3단계: 대안을 제시해줍니다.

아이: *(엄마를 향해서 화살을 던진다.)*
엄마: *1단계 엄마를 맞히고 싶어 하는구나.*
 2단계 엄마는 화살을 맞히는 사람이 아니야.
 3단계 그렇지만 인형을 엄마라고 생각하고 화살을 맞출 수는 있어.

그렇게 해도 제한을 깨뜨린다면 "놀이시간을 더 하지 않기로 했구나"라고 책임을 아이에게 되돌려줘야 합니다. 아이가 놀이를 계속할지 안 할지 선택했으며, 경계를 무너뜨리면 더 놀 수 없는 것을 선택했다는 사실을 아는 것이 좋습니다.

아이의 노력에 격려하라

대부분의 엄마, 아빠는 아이의 잘한 부분에 칭찬하고 싶어 합니다. 칭찬은 대부분 형용사로 돼 있고 '훌륭한', '멋있는', '잘하는'과 같은 단어들입니다. 칭찬은 평가의 의미를 담습니다. 평가하는 사람과 받는 사람은 나뉘어 있고 평가하는 사람이 힘을 갖습니다. 그렇다면 아이는 칭찬을 받기 위해서 엄마, 아빠의 의견이 매우 중요하고 칭찬을 얻지 못할까 봐 두려움을 갖습니다. 결국에는 자기가 생각하는 것과 자신에 대한 느낌이 어떤지 결정할 수 없습니다. 그러니 아이의 능력을 판단해 칭찬하기보다는 노력을 인정해주는 것이 좋습니다. 자기 가치를 잘 아는 아이는 주변의 칭찬에 휘둘리지 않으며 칭찬이 없어도 불안해하지 않습니다. 스스로 노력에 뿌듯해하며 자기의 성취감에 박수를 보낼 줄 압니다.

무엇이 격려일까요? "네가 했구나", "네가 해결했구나", "열심히 애쓰고 있네", "열심히 하더니 해냈구나", "네가 많이 알고 있구나", "어떻게 하는지 알고 있는 것 같구나" 정도입니다.

아이: *(블록을 거의 완성하자)*

엄마: *이야. 정말 대단한데? 멋지다.*

위처럼 칭찬하기보다 아래와 같이 인정해주십시오.

엄마: *열심히 하더니 완성했구나. 그런 네가 정말 자랑스럽다.*

아이 놀이에 추종자가 돼라

아이와 놀이를 할 때 중요한 점은 부모님이 앞서 나가지 않는 것입니다. 아이가 놀이를 제시하고 난 후 아이의 뜻에 따라 뒤에 쫓아가는 것입니다. 아이가 주도하는 것을 기꺼이 따라간다는 마음을 알게 하는 것입니다. 특히 역할놀이를 함께할 때 아이가 "엄마 뭐 할 거예요?" 하고 묻는다면 "내가 무엇을 할까?"라고 다시 물어봅니다. 아이가 정해주면 "아, 내가 학생을 하면 되는구나"라고 반영해주면 됩니다. 또한 역할을 맡았다면 생각나는 대로 말하는 것이 아니라 "내가 다음에 뭐라고 말하면 돼?"라고 물어야 합니다. 기억해주십시오. 놀이는 전적으로 아이의 것입니다. 책임은 아이에게 있으므로 우리는 놀이를 따라가기만 하면 됩니다.

187

아이의 행동을 비난하지 마라

어떤 행동도 비난하지 마십시오. 비난하는 것은 아이의 놀이를 이해하지 못했음을 전달하는 것입니다. 그리고 놀이를 방해하며 놀이의 흐름을 깨면서 순수한 놀이가 아닌 교육적인 목적으로 방향이 달라집니다.

옳다 그르다를 판단하지 마라

아이의 놀이시간에는 비판과 판단 없이 아이의 놀이 세상에 온전히 함께 있어야 합니다. 충분히 아이와 함께 있다는 기분을 느껴본 적이 있나요? 연인이 서로의 이야기에 빠져들 때 주변의 아무것도 들리지 않고 보이지 않습니다. 그저 세상에 둘만 있게 됩니다. 아이도 마찬가지입니다. 출생 후 아이는 세상이 어떻게 돌아가든 관심이 없습니다. 오로지 엄마의 얼굴에만 집중합니다. 엄마 역시 자기에게만 집중하며 접촉한다는 사실을 알게 됩니다. 놀이시간에는 나를 내려놓고, 나의 판단과 가치관과 도덕적 윤리를 내려놓고 아이의 세상에 온전히 들어가십시오. 그 놀이 안에는 잘 하고 못 하고가 없습니다. 아이의 마음만 있을 뿐이니까요. 아이가 느끼는 것을 느끼고 아이가 보는 것을 보고 아이가 듣는 것을 듣고 이해하길 바랍니다. 평소에는 아이의 마음을 온전히 수용하기 어렵습니다. 정말로 가르쳐야 할 것이 많고 안 되는 것들도 많으며 바빠서 아이의 마음을 지나치기 마련입니다. 이제 놀이시간에 충분히 아이가 듣는 것을 듣고 보는 것을 보기 바랍니다. 아이는 자기의 생각과 감정을 수용 받았다는 느낌을 받으면 자신을 소중히 여기게 됩니다.

아이에게 정보를 제공하거나 가르치지 마라

예전에 상담 온 어머니에게 아이의 마음을 반영하는 방법을 알려드렸습니다. 어머니는 뭔가 큰 깨달음을 얻었다는 표정으로 "아, 그렇게 가르치면 되겠군요"라고 말했습니다. 저는 정말 슬펐습니다. 놀이로 아이의 마음을 이해해주자는 권유였지만 결국 놀이는 어머니의 뜻대로 아이를 교육하는 도구가 되고 말았습니다. 얼마 전 인터넷에서 우스개 이야기를 봤습니다. 친구가 없는 사람은 '어떻게 하면 친해지지?'라는 생각을 많이 하지만, 친구가 많은 사람은 자연스럽게 말하고 행동에 거스름이 없다는 내용이었습니다. 놀이 역시 마찬가지입니다. '어떻게 잘 놀지?'를 걱정할 것이 아니라 생각한 대로 움직였더니 놀이가 되고 재미가 있고 신납니다. 그때 엄마, 아빠가 뭔가를 계속 가르치려고 하거나 '이렇게 놀면 안 돼'라고 한다면 아이는 점차 사고하게 됩니다. 잘 놀기 위해서 말입니다. 이렇게 교육받은 아이는

189

공부도 그렇습니다. '어떻게 하면 공부를 잘하지?'라고 사고하지만 정작 행동은 공부를 하지 못합니다. 걱정이 많고 잘하려고 계산하지만 뜻대로 하지 못합니다. 얼마나 안타까운 일인가요? 놀이를 가르치지 마십시오. 아이가 물어보거든 "네가 정할 수 있어"라고 넘겨주면 됩니다. 또한 섣불리 해결책을 가르쳐주지 않아야 합니다.

> 아이: (낑낑대며 기찻길을 맞추려고 하고 있다.)
> 엄마: 이걸 돌리면 더 쉽게 낄 수 있을 거 같은데.

맞는 말이지만 아이가 스스로 생각해내고 실행할 기회를 빼앗아 버리는 것입니다. 아이가 충분히 생각하고 해낼 수 있도록 기회를 주고 아래와 같이 격려만 해주십시오. 그러면 아이는 해낼 수 있습니다.

> 엄마: 기찻길을 맞추려고 정말 열심히 하는구나.

도덕적으로 설교하지 마라

> 아이: (장난감 칼을 휘두르며) 엄마, 덤벼봐.
> 엄마: 칼싸움은 아빠랑 놀 때 하자. 엄마는 싫어. 혹시 애들한테도 이러는 건 아니겠지? 친구들이 싫어해.

요즘 부모님들이 자주 하는 말입니다. 그리고 이렇게 말합니다. "나중에도 그러면 어떻게 하나요? 제대로 학교나 다닐까요?"라고 말입니다. 엄마, 아빠의 조급함과 성급함이 늘 훈계하고 설명하도록 합니다. 희한하게도 설교를 많이 들은 아이일수록 도덕적인 이해능력이 떨어집니다. 한 아이의 어머니가 "제가 정말 강조한 부분이었는데. 도덕 점수가 너무 낮아요. 그리고 잘 공감하지 못하는 것 같아요"라고 말했습니다. 본질로 배우지 않고 말로 배웠기 때문입니다. 정답처럼 도덕적인 규칙들이나 공감을 지식으로 이해하는 것과 사람과의 관계에서 본질을 아는 것은 다릅니다. 아이가 스스로 '저 사람이 힘들겠다'라고 생각하는 것과 '이 상황에서는 그렇다고 하니까'라고 사고하는 것은 정말 큰 차이가 있습니다. 아이와 놀이시간에는 놀이하는 것만으로도 충분합니다.

아이에게 새로운 활동을 가르치지 마라

아이의 놀이가 반복되다 보면 같은 놀이를 합니다. 그러면 엄마, 아빠는 아이를 가르쳐 주고 싶은 마음이 듭니다. 놀이 방법을, 더 나은 해결책을 제시해주는 것을 넘어 '오늘은 이 놀이를 해보자'라고 말합니다. '새로운 것도 시도해보고 도전해보는 거야'라고 말입니다. 새로운 음식을 먹거나 새로운 곳에 가거나 다른 놀이시간에는 가능합니다. 하지만 부모님과 30분 놀이시간에서는 새로운 활동을 가르치지 않습니다. 놀이시간은 전적으로 아이의 결정에 달렸기 때문입니다. 엄마, 아빠가 무력해지고 바보가 되는 길은 쉽지 않아 보입니다. 험난한 세상 속에서 문제를 해결해야하는 주체는 아이가 돼야 합니다. 아이들은 새끼사자들이 엉켜서 사냥연습을 하듯 오감으로 배운 세상을 반복해서 연습합니다. 연습이 끝나면 아이는 새로운 놀이를 찾습니다. 그러니 충분히 기술을 연마할 기회를 제공해주시기 바랍니다. 아이는 병원에 다녀왔던 경험을 놀이로 표현할 것이고 자신이 '됐다'고 생각할 때 그 놀이는 멈출 것입니다. 또 처음으로 간 유치원에 연습하려고 새롭게 선생님 놀이를 시작할 것입니다.

아이의 즐거운 놀이시간을 방해하지 마라

공부하는 30분은 참으로 긴데, 놀이하는 30분은 눈 깜짝할 새 지나갑니다. 재밌는 놀이를 하면서 밤새울 수는 있어도 하기 싫은 일을 하면서 밤을 새우기는 너무 어렵습니다. 아이들은 놀이시간이 즐겁고 놀이에 빠져있으며 충분히 에너지를 쏟습니다. 만약 우리 아이가 이렇게 놀 수 있다면 정말로 건강한 마음을 지녔다고도 할 정도로 아이가 놀이에 집중하는 것은 중요합니다. 놀이에 충분히 집중한 뒤에야 아이들은 다른 일들 공부, 숙제를 할 수 있습니다. 숙제한 후에 놀이에 집중하는 것이 아니라 충분히 놀고 나야 숙제를 할 힘이 생깁니다. 놀이가 방해되는 것은 물리적인 방해입니다. 엄마와 놀이하는데 동생이 끼어든다거나 놀다가 엄마가 잠시 다른 일을 보고 다시 돌아온다거나 하는 일들은 아이가 집중하는 데 방해가 됩니다. 30분 동안에는 놀이시간에 최대한 집중할 수 있도록 부모님이 환경을 만들어주십시오. 늦은 저녁이 되어도 좋으니 최대한 방해를 받지 않는 상황을 마련하는 것이 좋습니다.

또는 놀이시간에 엄마, 아빠의 반영으로 방해를 받는 경우가 있습니다. 반영이 좋다고 하니 부모님이 비언어적 행동을 너무 자주 인정하게 되면, 놀이 활동 하나하나에 반응하면서 아이는 진솔하지 않고 기계적이다는 느낌을 받을 수 있습니다. 반영하는 이유는 '내가 너와 함께 있다', '나는 너를 이해한다'의 뜻을 전달하는 것이므로 해설처럼 느껴지지 않게 상호작용하듯이 이야기합니다. 반영을 어떻게 해야 할지 모르고 무엇이 정확한지 몰라 거의 말을 하지 않는 수도 있습니다. 아이는 엄마, 아빠가 침묵하고 있으면 자신에게 관심이 없거나 감시한다고 생각할 수 있습니다. 놀이는 아이와 이야기하는 것이니 이야기하듯이 말하는 연습이 중요합니다.

아이의 놀이에 적극적으로 참여하라

아이는 엄마, 아빠 태도에 민감합니다. 엄마, 아빠의 말과 태도를 통해 나의 말에 귀를 기울여주는지, 나에게 관심이 있는지를 확인합니다.

아이: *(뱀 장난감을 휙휙 저으며)* 뱀이다.

엄마: 엄마는 너무 징그러운데.

아이: *(뱀 장난감을 엄마 몸에 올려놓으며)* 뱀이 엄마를 공격해.

엄마: *(마지못해 뱀을 받아들며)* 엄마는 이런 거 싫어.

아이: 그럼 내가 구해줄게.

엄마: 엄마는 뱀 같은 거 싫으니까 다른 거 하면 안 될까?

아이와 엄마는 서로 다른 이야기를 하고 있습니다. 엄마는 놀이하는 것도 제한하는 것도 아닌 상황입니다. 엄마가 좋아하는지, 싫어하는지, 같이 함께 이 놀이를 지속해도 되는지 아이는 결정하기가 어렵습니다. 엄마는 아이 스스로 엄마가 싫다는 뜻을 이해해 그만두기를 원합니다. 하지만 아이는 엄마의 불일치한 소통으로 혼란스럽기만 하며 놀이에 집중할 수 없습니다. 부모라고 해서 다 감수하고 받아줘야 하진 않습니다. 엄마가 편해야 아이와 즐겁고 적극적으로 놀아줄 수 있습니다. 하고 싶지 않은 마음을 분명히 전달하고 다른 놀이를 바꾸더라도 아이와 함께 푹 빠질 정도로 노는 것이 중요합니다.

그러려면 엄마, 아빠도 재미가 있어야 하고 거리낌이 없어야 합니다. 그래야 아이가 혼동하지 않고 엄마, 아빠 표정을 살피지 않고 놀이에 집중할 수 있습니다.

PART
2

놀이 안에서 깨우는
학습효과

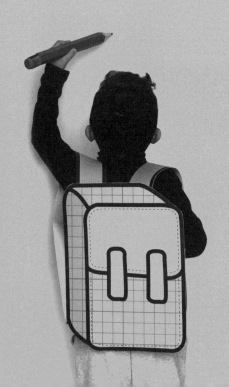

1

적극적인 애정 표현은
학습의 종합선물세트다

어린이날이나 크리스마스 때 커다란 선물세트를 받아 본 적이 있으시지요? 그 선물세트 안에는 과자도 종류대로 들어 있고 사탕, 초콜릿, 껌, 젤리 등 없는 게 없어 세상을 다 가진 듯 행복한 기분을 느껴봤을 것입니다. 학습하는 데 가장 중요한 것은 바로 이 종합선물세트를 아이에게 주는 것입니다. 이 종합선물세트 아래와 같습니다.

언어표현: 사랑해, 예쁘다, 멋지다, 넌 소중해, 넌 세상에 하나밖에 없는 귀한 보물이야, 네가 있어 행복해, 귀여워, 웃는 게 정말 예뻐, 괜찮아, 대단해, 보고 싶어

비언어적 표현: 아이 보고 활짝 웃어주기, 안아주기, 뽀뽀해주기, 손을 잡아주기, 등을 토닥토닥해주기, 머리를 쓰담쓰담해주기, 눈을 바라봐주기, 기대어 누울 수 있게 해주기, 옆에 딱 붙어 앉아 있기, 하이파이브해주기, 아이와의 암호 만들어 애정 표현하기, 무릎에 앉혀주기, 슬플 때 위로해주기, 열심히 하려고 노력할 때 격려해주기, 아이가 하는 행동을 지지해주기

모든 부모님이 아이에게 느끼는 감정이나 언어가 저 안에 들어 있습니다. 그렇다면 과연 여러분들은 하루에 몇 번이나 이러한 선물을 아이에게 전해주고 있나요? 아이는 무엇인가를 해냈을 때 "잘했다"라는 칭찬과 함께 부모님의 기대에 찬 눈빛을 받을 것입니다. 그렇지만 아이가 서툴고 실수하고 떼를 부리는 일도 일상에 많다 보니 애정을 표현해주기보다는 혼을 내거나 가르치는 일이 많을 것입니다. 아이에게 사랑의 마음이 들어서 적극적인 표현을 하고 싶을 때는 자는 모습을 볼 때라는 우스갯소리가 있듯이 말입니다. 애정 어린 표현을 전해 줄 틈도 없이 아이와 전쟁 같은 하루를 보내는 일들이 허다합니다. "그거 막 꺼내 놓으면 안 돼", "위험하니까 만지면 안 돼", "이건 더러운 거야. 안 돼", "낙서하면 안 돼", "뛰어다니면 안 돼", "너 혼자 막 가면 안 돼", "친구 때리면 안 돼", "밥은 돌아다니면서 먹으면 안 돼", "친구 거 뺏으면 안 돼", "떼쓰면 안 돼"…. 이렇게 '안 된다'라는 말을 무수히 들으며 어린 시절을 보

내 아이는 학교에 들어갑니다. 이제부터는 해야 할 일이 산더미가 됩니다. 제시간에 잘 일어나야 하고 준비물을 잘 챙겨 학교에 가야 하고 수업시간에는 바르게 앉아 선생님 말을 들어야 하고 친구랑은 떠들지 말아야 하고 쉬는 시간에는 조용히 화장실만 다녀와야 하고 급식은 남김없이 다 먹어야 하고 숙제는 알림장에 잘 적어와야 합니다. 집에 돌아오면 학원에 다녀와야 하고 학교 숙제를 해야 합니다. 제시간에 간식을 먹고, 제시간에 저녁을 먹어야 합니다. 밤이 되면 씻고 다음 날을 위해 잠자리에 들어야 합니다. 학교에 다니며 이러한 일정을 소화하는 아이에게 애정을 표현할 일이 얼마나 있을까요?

"빨리 일어나라", "빨리 밥 먹어야지", "빨리 학원 가", "빨리 숙제해", "빨리 자" 뭔가를 재촉하고 해야 하는 일만 지시하는 상황이 벌어집니다. 역시 애정을 표현할 기회는 할 일에 쫓겨 사라져 버렸습니다. 칭찬을 받을 기회는 있습니다. 받아쓰기에서 100점 받았을 때, 미술 대회에서 상 받았을 때, 달리기 1등 했을 때 등등이 있습니다. 여기에서 아이가 받는 칭찬은 아이가 한 행동에 대해 평가를 받는 것입니다. 아이가 받아쓰기에서 100점 받아 오는 날 엄마는 아이를 안아주고 뽀뽀해주며 "100점 받아서 잘했다"라고 칭찬을 해줍니다. 그것은 있는 그대로의 아이가 사랑스럽고 예쁘고 보물 같은 게 아니라 받아쓰기를 100점 받았기 때문이라는 조건이 붙게 됩니다. 어느 날은 아이가 80점을 받아 오기도 합니다. 어제 받았던 엄마의 애정 어린 뽀뽀도 활짝 웃는 엄마의 미소도 잘했다고 칭찬해주는 말도 없습니다. "이건 어제 연습했는데 왜 틀렸어?", "다음엔 꼭 100점 받아와"라는 말과 함께 더 연습을 시켜야겠다는 비장한 표정의 엄마를 볼 수 있을 뿐입니다. 조건이 붙은 칭찬은 있는 그대로 자기가 사랑받고 있다는 느낌이 들지 않습니다. 뭔가를 잘해야만 칭찬받을 수 있다고 생각하는 것입니다. 우리가 아이에게 전달해야 하는 종합선물세트는 조건이 붙은 애정이 아닙니다. 내 아이가 100점을 받든 50점을 받든 그냥 내 아이기 때문에 그 자체로 사랑스럽다는 표현을 해주는 것이 조건 없는 애정 표현입니다.

아이가 커갈수록 애정을 표현하는 횟수는 더 감소합니다. 귀엽고 포동포동했던 얼굴도 변해가고 내 품에 쏙 들어오던 몸집도 커집니다. 모습만 변해가는 게 아니라 생각도 변해갑니다. 아이는 자기만의 사고를 하고 이를 주장하며 부모님과 첨예하게 대립합니다. 고분고분 다니던 학원에 다니지 않겠다고 주장하고 엄마 말에 사사건건 말대꾸를 하기 시작합니다. 아이와 매일매일 언쟁을 치르고 아이는 방에 틀어박혀 화해할 만한 시간조차 주지 않습니다. 갈등이 심화하는 사춘기에 부모님이 아이를 향해 애정 어린 메시지를 전해주기는 참으로 어려운 일입니다.

어린 시절부터 사춘기의 청소년까지의 생활을 살펴보면 사실 뭔가를 잘해냈을 때 칭찬받는 일 말고 아이에게 그냥 사랑을 전해주는 일이 어렵기도 할뿐더러 많지도 않습니다. 하지만 그 어려운 것들을 해내는 순간, 아이의 능력은 잠재력을 최대치로 발휘할 수 있는 효율성을 갖게 됩니다. 부모의 아이에 대한 애정적인 태도가 학습에 긍정적인 영향을 미친다는 연구는 이미 많이 나와 있습니다. 부모님의 사랑을 받으며 자란 아이는 스스로 학습 계획을 세우고 목표를 정하며 이를 이뤄내기 위해 충분히 노력합니다. 하지만 어린 시절 정서적, 신체적 학대를 당하거나 가정폭력 상황에 노출된 채 자란 아이들, 무관심 속에 소외된 채 자란 아이들은 아이가 가진 잠재력을 충분히 발휘하지 못합니다. 내면에 상처를 치유하는 데 많은 에너지를 쏟기 때문에 자신의 지식이나 능력을 활용해 학습하는 데 쏟을 에너지가 부족하기 때문입니다.

부모님에게서 많은 애정과 지지를 받은 아이들은 자기를 전적으로 신뢰하는 마음을 가지고 있습니다. 자기를 믿지 못하는 아이는 학습하는 데 있어서 두려움을 가지고 있어 지속해서 전진하지 못합니다. 어려움에 맞닥뜨렸을 때 후퇴하거나 포기하기도 일쑤입니다. 하지만 자기를 신뢰하는 아이는 잘 안되더라도 다시 해볼 힘이 있습니다. 어려움에 도전하고 해결하고 싶어 하는 자신감도 있습니다. 학습한다는 건 계속해서 도전하고 성취하는 과정입니다. 자기를 신뢰하는 마음 없이는 한 걸음도 앞으로 나아가기 어려울 것입니다.

간혹 부모님들이 "나는 충분히 애정적으로 대해주고 있어"라고 하지만 자녀는 그렇지 않다고 생각하는 경우도 많습니다. 여기에서 중요한 것은 애정을 받고 있다고 생각하는 아이의 입장입니다. 아이가 느끼기에 '부모님은 날 충분히 사랑해주고 있어'라고 느끼는 그 감정이 중요한 것입니다. 오늘 한번 아이들에게 물어보십시오. "엄마, 아빠가 널 얼마나 사랑하는 것 같니?" 예상치 못한 답변들이 돌아올 수도 있습니다. 뭘 잘했을 때만 칭찬하지 말고 있는 그대로도 사랑받고 있다는 느낌을 아이에게 전달하려면 어떻게 해야 할까요?

생활 속에서 아이에게 애정을 전달하는 방법

아침에 일어났을 때
"잘 잤어?"
등 토닥여주기
활짝 미소 지어 보이기
팔을 활짝 펴서 안아주기

등원/등교 준비할 때
"오늘따라 더 예뻐(멋있어) 보이네~"
"이 옷이 너한테 잘 어울린다"
잘 다녀오라고 웃으며 손들어주기
이마에 뽀뽀해주기

일상생활할 때

아이의 보석 같은 순간을 찾아주기

"어머 너 이거 하면서 놀고 있었구나"

"그런 생각을 해냈네~"

"(뜬금없는 찬사) 우리 이쁜 아들(딸)"

(놀고 있는 아이의 뒤에 가서) 등 토닥여 주기

미소와 함께 눈빛 교환하기

머리 쓰다듬어주기

백허그해주기

뽀뽀해주기

잠자기 전

하루 동안 관찰한 아이의 긍정적인 면 이야기해주기

"너 오늘 OO할 때 멋지더라"

"네가 오늘 OO해줘서 감동했었어"

"아까 OO했을 때 아주 기발하다는 생각이 들었어"

"엄마가 얘기하기도 전에 스스로 척척 하더라"

굿나잇 키스해주기

잠자리 동화 읽어주기

아이와 놀이할 때

"이거 하면서 놀 거구나"

"네가 재미있는 놀이를 생각해냈네"

"그래 네 말대로 놀이하자"

"너랑 노니까 정말 재미있다"

"아하! 이렇게 할 수도 있는 거구나"

"멋진 걸 만들어냈네"

"그것참 기발하다"

생활 속에서 부모님은 더 다양한 방법으로 아이들한테 애정을 전달해줄 수 있습니다. 하지만 일상생활 속에서 가장 쉽게 애정을 표현하는 방법은 바로 놀이입니다. 아이는 놀이 안에서 별다른 제한 없이 자유롭게 자신을 표현할 수 있으며 부모님도 어떠한 목표에 대한 압박 없이 편안하게 아이를 지지해줄 수 있습니다.

2

아이 수준에서 설명해주면
의사소통능력이 향상된다

　의사소통능력이란 말하는 사람과 듣는 사람이 문법과 동사 규칙의 의미를 파악하고, 말하는 사람이 듣는 사람의 상황을 인지해서 필요로 하는 정보를 표현하면서 대화를 지속시키는 능력입니다. 앞으로는 사람들과 상호작용해 수많은 지식을 효율적으로 사용할 수 있어야 합니다. 아이들이 키워야 하는 학습능력 중 하나가 바로 의사소통능력입니다.

　아이와 대화를 유지해 나가려면 먼저 아이의 언어발달 수준을 이해해야 합니다. 아이가 수용할 수 있는 범위의 언어 이상을 사용하면 아이는 나머지 말은 그냥 흘려보내게 됩니다. 단지 알아들을 수 있었던 몇 개만 아이한테 남습니다. 예를 들어 여러분이 외국인과 대화를 한다고 생각해보십시오. 우리가 아는 외국어는 몇백 개 정도 되는 단어와 그것의 조합이라고 가정했을 때 외국인이 내가 아는 수준의 단어로 설명하면 충분히 알아들을 수 있지만 그 이상을 넘어서면 그건 그냥 말일 뿐, 듣고 이해하는 것은 아닙니다.

아이는 3~4세가 되면 문장의 길이와 사용하는 어휘의 수가 증가해 의사소통이 가능해집니다. 이때 아이는 3~4개의 단어를 구성해 문장을 만들어 냅니다. 아이가 3~4살 무렵 훈육을 시작하는 것도 이러한 언어발달과 관련이 있습니다. 표현하기도 수용하기도 어려운 아이에게 훈육은 무용지물이기 때문입니다. 아이가 잘못했을 때 이해할 수 있는 언어로 설명해준다면 아이는 뭘 해야 하고 하지 말아야 하는지 이해할 수 있습니다. 부모님이 아이를 확실하게 가르쳐야겠다는 생각에 이야기가 길어지다 보면 아이는 그것을 다 이해하지 못한 채 그 순간을 지나치게 됩니다. 후에 똑같은 일이 반복되고 아이가 하지 말라는 것을 계속한다는 푸념을 합니다.

예를 들어 식당에서 뛰어다니는 4살 아이를 제한하려는 상황입니다.

엄마: *OO야, 여기는 공공장소야. 공공장소는 사람들이 많이 모이는 곳이거든. 이런 데서는 다른 사람한테 피해를 주면 안 돼. 다른 사람들한테 피해를 주지 않으려면 우리는 자리에 앉아서 밥을 먹어야 하는 거야. 엄마 말 무슨 소린지 알겠어?*

아이: *(끄덕끄덕)*

엄마의 잔소리에서 벗어난 아이는 잠시 앉아 있는 듯하다가 다시 뛰어다니기 시작합니다. 엄마는 너무나 친절히 설명을 해줬는데 또다시 뛰어다니는 아이를 보니 화가 많이 나죠.

> **엄마:** 00야! 아까 엄마가 뭐라고 했어. 여기는 공공장소고 예절을 지켜야 한다고 했지? 여기 다른 친구들 봐. 다들 자리에 앉아서 밥을 먹고 있잖아. 그게 바로 예절을 지키는 거야! 너도 어서 앉아서 예절을 지켜. 또 뛰어다니면 엄마한테 엄청 혼날 줄 알아!

아까보다 엄마 말이 조금 더 길어졌습니다. 여기에서 아이는 어떤 것을 받아들일까요? 공공장소? 예절? 이런 건 아이한테 이해되지 않았을 것입니다. 아이는 엄마가 자기에게 엄청난 잔소리를 했다는 걸 받아들였을 것입니다. 두 번째에서는 엄마가 자기한테 화가 났다고 생각을 했을 것입니다. 엄마의 친절하고 과한 설명이 아이에게는 하나도 소용이 없었던 것입니다.

4세 아이의 발달 수준을 고려해 우리가 소통할 수 있는 건 "00야. 식당에서 뛰면 안 돼" 정도입니다. 이것만 지속적으로 이야기해야 아이는 엄마가 가르치고자 하는 것이 무엇인지 정확히 이해할 수 있습니다. 아이가 7~8세쯤 되면 이야기가 달라집니다. 이제 아이는 급격한 언어발달을 거쳐 문법 체계를 상당 부분 이해할 수 있

209

습니다. 행동의 순서도 이해할 수 있고 정확한 시제도 사용할 수 있으며 복수형, 대명사, 반대말, 접속사, 전치사 등도 사용할 수 있습니다. 언어 사용에서도 덜 자기중심적이며 사회화된 모습을 보입니다. 그렇다고 성인의 언어를 모두 이해할 수 있게 되는 건 아닙니다. 문장의 길이가 길어질수록 주제를 인식하는 데 어려움을 느끼며 아직은 자기중심적인 나이기 때문에 타인의 생각을 받아들이기 어렵기도 합니다. 이때에도 아이 수준에서 요점을 정확하고 간결하게 이야기해 줘야 합니다.

이렇듯 아이의 수준에서 설명해주는 노력을 해주면 아이의 소통 능력이 향상됩니다. 어려서부터 알기 어려운 말들만 들어온 것이 아니라 알아듣기 쉽고 명확한 언어들을 들어 왔기 때문에 자신의 의사도 그렇게 표현할 수 있습니다. 반대로 아이에게 합리적이고 알아듣기 쉬운 말로 표현해주지 못했다면 아이는 부모님의 일방적인 규칙을 강제적으로 따라야 했을 것입니다. 일방적인 규칙을 따른 아이들은 또래나 자기보다 약한 아이에게 자신의 일방적인 규칙을 따르라고 강요할 수 있습니다. 또는 힘 있는 사람에게 일방적인 복종을 할 수도 있습니다. 즉, 부모님과 아이의 의사소통 과정은 아이가 사회에서 경험하는 의사소통 과정과 일맥상통합니다. 아이가 경험하는 사회, 즉 어린이집, 유치원, 학교 등에서 자기를 잘 표현하고 다른 사람의 의사를 잘 파악해 상호작용한다고 생각해보십시오. 아이는 수업 중 발표를 적극적으로 할 수 있고 친구들과도 즐겁게 지낼 수 있습니다. 친구들과 잘 지내는 아이는 자연스럽게 사회성이 좋아집니다.

아이들과 의사소통할 기회가 많아야 아이 수준에서 설명해주고 의사소통능력도 키울 수 있습니다. 일상생활 속에서 아이와 의사소통할 수 있는 시간은 얼마나 될까요? 일방적 소통이 아니라 아이를 바라보고 대화라는 것을 나눌 수 있는 시간은 상당히 제한적입니다. 부모님과의 질적인 놀이는 이러한 의사소통능력을 향상하는 데 큰 효과를 나타낼 수 있습니다.

〈4세 아이 지혜와 소꿉놀이 상황〉

아이: 엄마 간식 주세요.

엄마: 그래. 엄마가 간식 줄게. 우리 지혜 좋아하는 거 여기 있네
~. (딸기 모형을 아이 앞으로 내민다.)

아이: 와~ 내가 좋아하는 거네! 맛있겠다. (음식을 입으로 가져간다.)

엄마: 맛있어 보이지? 근데 이건 장난감 음식이라 진짜로 먹을
순 없어. 냠냠 먹는 척만 하는 거야.

아이: 먹으면 안 돼?

엄마: 응. 이건 진짜 딸기가 아니야. 먹을 수 없어.

아이: 에이···. *(시무룩해짐)*

엄마: 이 딸기 한번 보자. 무슨 냄새 나?

아이: 아무 냄새도 안 나.

엄마: 딸기 냄새가 안 나는구나.

아이: 응.

엄마: 그러면 만져보면 어때?

아이: 딱딱해.

엄마: 아이코. 딸기가 딱딱해.

아이: 이거 진짜 딸기 아니야.

엄마: 그러네! 냄새도 맡아보고 만져보니까 진짜 아니네.

아이: 응. 먹으면 안 돼.

엄마: 오호~ 그래 진짜 딸기 아닌데 먹으면 안 되지. 우리 지혜가 잘 알아차렸네~

아이: 응~ 가짜로 냠냠. 이제 내가 엄마한테 요리해줄게!

놀이 상황에서는 아이와 여유를 가지고 차근하게 이야기하면 진행해 나가기가 수월합니다. 일상생활 중 일어난 일이라면 행동을 빨리 제지하려고서 합리적으로 설명해주거나 아이가 수용될 수 있도록 기다려주는 일이 어려울 수 있습니다.

〈4세 아이 슬기와 놀이 상황〉

아이: 부우웅~. (자동차를 들고 멀리 던진다.)

(다른 자동차를 들고 다시 던진다.)

엄마: 슬기 지금 자동차를 던지네.

아이: 응. 날아가는 거야.

엄마: 아~ 슬기가 날아가는 자동차를 하고 싶었구나.

아이: 응. (또다시 부우웅~ 하며 던짐)

엄마: 슬기야. 그런데 자동차를 던지면 부서져.

아이: 응?

엄마: 장난감이 쿵 떨어지면 부서져. 그럼 자동차 놀이를 못 해.

아이: 싫어.

엄마: 우리 슬기 자동차 좋아하지?

아이: 응.

엄마: 그럼 자동차 안 부서지게 놀아야 해.

아이: 날아가게 할 거야.

엄마: *(엄마가 자동차 하나를 들고 부우웅 하면서 걷는다.)* 이렇게 해도 날 수 있네. 높이도 날고 낮게도 날고~ 꼬불꼬불 길도 날아간다!

  ─〉 이때 엄마는 자동차의 높낮이를 다르게 하기도 하고 나르는 길을 꼬불꼬불하게도 해서 아이의 흥미를 끈다.

아이: 와. 같이 가~. *(엄마를 따라 하며 놀기 시작한다.)*

엄마: 이렇게 하니까 자동차 안 부서지고 날 수 있네.

아이: 응~.

아이가 장난감을 던져서 걱정하는 부모님들이 많이 있습니다. 장난감을 던질 때 아이가 폭력적인 성향을 드러내는 건 아닌가 싶어서 강하게 훈육해야 한다고 생각하기도 합니다. 그러다 보니 뭔가 부적절한 놀이가 나타났을 때 부모님들은 강하게 대처합니다. "던지면 안 돼!", "던지지 말라고 했지!" 이렇게 말입니다. 한창 자기만의 놀이를 하다가 갑자기 혼나서 시무룩해진 아이는 놀이 흐름이 끊어집니다. 위에서처럼 아이는 던지려는 의도가 아니라 날아가는 것을 표현하고 있었는지도 모르니까요. 종이비행기를 던지듯 자동차를 던지면 날아가는 거로 생각한 아이는 자동차도 던집니다. 하지만 자동자를 던지면 부서진다는 사실을 깨닫기는 어렵습니다. 놀이 중에 아이의 의도를 조금 더 이해하면 우리는 아이에게 합리적인 설명과 함께 바람직한 방향을 설명해주기가 훨씬 쉬워집니다.

놀이할 때 종이비행기도 날려보고 자동차와의 차이도 알아보며 자동차가 부서지지 않고 날게 하는 방법을 같이 고민해볼 수도 있습니다. 아이는 이 가운데 자신의 상상력을 동원해 기발하게 자동차가 나는 방법을 제안할지도 모릅니다. 아이는 놀면서 자연스럽게 자동차는 던지면 안 된다는 사실을 깨닫습니다. 자신의 행동이 틀렸다고 지적받거나 혼이 나지 않고도 즐겁게 그 사실을 수용할 수 있게 된 것입니다. 놀이가 아이에게 가장 친숙한 재료고 놀이가 가장 안전한 아이들의 표현 방법이기 때문입니다. 우리는 그것을 활용해 아이들과 눈높이에 맞는 의사소통을 하도록 노력해야 합니다.

3

아이에게 성공을 강요하지 않으면 비판적 사고력이 향상된다

우리는 지금까지 성취를 중심에 두고 살아왔습니다. 뭐든지 목표를 세우고 그것을 향해 열심히 노력해내는 작업이었습니다. 특히 학습에서 그것은 매우 중요했습니다. 어디까지 공부하기로 했는지 목표를 세우고 그것을 마스터하고 다음 단원으로 넘어가는 일, 선행학습을 통해 미리 몇 개 학년의 공부를 마쳐 놓는 일, 교과서의 진도를 어디까지 나가야 하는 일 등이 그렇습니다. 그러다 보니 아이들은 주변을 돌아볼 여력 없이 목표를 향해서 앞만 보고 달려야 하는 상황이 벌어진 것입니다. 내가 좋아하는 것이 무엇인지, 내가 하고 싶은 일은 무엇인지를 생각해볼 겨를이 없는 아이들은 미래에 대해서 꿈을 가지기 어려워졌습니다. '요즘 애들은 꿈이 없어'라고 한심스러워 할 것이 아니라 그런 현실을 만든 부모님들이 뒤를 돌아봐야 할 때입니다.

아이들에게 목표의 성취를 강요하지 않으면 아이들은 일단 자유로움을 느낄 수 있습니다. 굴지의 4차 산업혁명의 기업들이 놀이와 업무의 경계를 허무는 것도 자유로운 분위기 속에서 깊은 탐구와 새로운 발상을 얻어내기 위한 것입니다. 교육도 그렇게 변화하고는 있습니다. 국어, 영어, 수학, 과학 등 교과의 경계를 허물어 통합하는 시도들이 지속해서 나타나고 있습니다. 하지만 학업 성취를 교과별로 측정하는 일들은 여전히 나타나고 있고 아이들과 학부모들은 평가에 민감하게 대처하고 있습니다.

어린아이들에게 있어서 약간의 성취 압력은 지적 발달에 긍정적인 영향을 미칩니다. 주변의 기대와 호응에 부응하려고 아이는 부단히 노력할 것이기 때문입니다. 아이들이 걸음마를 할 때 보여주는 반응을 생각해보십시오. 한 발 한 발 걸음을 뗄 때마다 주변의 환호는 더욱 커지고 박수, 미소 등 아이는 걸음으로써 세상의 찬사를 다 받는 느낌이 들 것입니다. 그 찬사를 받기 위해 계속 걸으려고 노력할 것입니다. 처음 글자를 읽기 시작할 때도 마찬가지입니다. 어떻게 아이가 이걸 알았을까 싶을 정도로 놀라움을 보여주고 긍정적 피드백을 보내줍니다. 아이는 더 열심히 아는 글자를 읽으려고 합니다.

이처럼 어린 시절에는 신체적, 언어적, 인지적 부분에서 성취

대한 강화를 보일 때 아이의 발달에 긍정적인 영향을 끼칩니다. 하지만 아이의 나이가 증가할수록 성취 압력을 줄여나가는 것이 바람직합니다. 특히 아이의 능력 이상의 성공을 강요하는 경우에 아이는 스트레스에 취약한 상태에 이릅니다. 기대하는 목표를 향해 가기 위해 자기 생각을 논리적이고 합리적으로 할 여유가 없습니다. 권위나 사회적 분위기에 맹목적으로 따르지 않고 감정에 휩쓸리지 않는 평온한 상태에서 아이는 가장 깊은 사고를 해낼 수 있습니다. 비판적 사고력이란 어떤 사안에 대해서 합리적이고 논리적으로 생각해서 분석하고 평가하고 분류하는 사고 과정이기 때문입니다. 앞에서 우리는 놀이의 특징 중 하나가 그 자체로 목적이 되기 때문에 목표를 이루거나 성취를 위한 활동이 아니라고 했습니다. 뭔가를 이뤄내야 하는 압력이 없는 상태에서의 자유로운 놀이는 아이가 할 수 있는 최대의 사고를 이끌어낼 기회입니다.

〈놀이 장면〉

아이는 주차장을 꺼내 온다.

아이: 자동차놀이를 할 거예요. (자동차를 골라 주차장에 올려놓으나 차량 크기가 맞지 않아 길을 따라서 올라갈 수가 없다.)

아이: 안 되네….

엄마: 그래, 차가 갈 수가 없구나.

아이: 그럼 더 작은 거.

엄마: 작은 거는 갈 수 있겠네. *(몇 번의 시행착오를 거쳐 주차장으로 놀 수 있는 크기의 자동차를 찾는다.)*

–〉 여기서 아이는 시행착오를 거치며 크기에 대한 개념을 이해하고 차를 평가해 적절한 크기의 차를 골라 오는 것입니다.

아이: 와. 내려온다!

엄마: 그래 자동차가 길을 따라 내려오네.

아이: 와. 이 차는 엄청 빨라.

엄마: 그러네~ 아까 그 차보다 빠르다.

아이: 와. 자동차 경주해봐야겠다.

–〉 아이는 주차장놀이에서 확장해 경주놀이로 전환됩니다.

엄마: 주차장놀이를 하다 보니까 경주놀이가 하고 싶어졌구나.

아이: 응. 엄마~ 경주는 말이야. 여기 주차장에서 시작이야. 이렇게 쑝 내려가서…. *(아이는 차량이 내려온 다음의 길을 구성하기 시작한다. 바닥에 차량이 갈 수 있는 길을 만들기 위해 기찻길 블록을 꺼내 온다. 아이는 동그란 트랙 모양으로 길을 만들고 싶어 한다. 조각을 이리 끼고 저리 끼며 맞춰 보지만 트랙이 하나로 잇기 어려워하는 모습이다.)*

아이: 아이, 왜 안 되지?

엄마: 넌 이걸 다 연결하고 싶은데 잘 안 되는구나.

아이: *(끙끙대면서 조각을 분리해 다시 끼워 보기를 반복한다.)*

엄마: 힘든데도 해내려고 엄청 애쓰네.

219

아이: *(동그란 모양은 아니지만 하나로 연결하는 데 성공함)* 이 정도면 됐어!

엄마: *해냈네!*

아이: *이제 주차장에서 출발해서 여기로 가는 거야.*

엄마: *아하. 경주 코스구나.*

아이: *(블록 한 조각을 가져와 길을 막고) 여기까지 와야 해.*

엄마: *아하. 결승선이구나.*

아이: *이제 출발! (차량 몇 개를 가지고 주차장과 도로를 왔다 갔다 하며 논다.)*

–〉 아이는 블록을 끼워 도로를 만드는 과정을 경험합니다. 아이의 머릿속에는 트랙 같은 모양이 그려져 있고 그것을 해내려고 노력합니다. 도로 조각의 개수가 양쪽에 동일하게 사용돼야 동그란 트랙이 될 수 있다는 걸 아직 알지 못하는 아이는 수도 없이 다시 끼고 빼고를 경험합니다. 그것을 반복하며 아이는 도로의 형태에 대해 자연스럽게 분석할 수 있습니다. 완전히 동그랗지는 않지만 결국 도로를 잇는 데 성공할 수 있었죠. 하지만 이때 부모님이 "아까 동그랗게 만들기로 했잖아"라면서 아이의 원래 목표를 강요하다 보면 아이는 더 이상 이게 놀이가 아닌 동그랗게 만들어야 하는 일이 돼버리고 애써 해놓은 트랙이 물거품이 돼버립니다. 아이는 이 정도로 됐다고 생각했는데 아니라고 하는 부모님께 화가 날 수

도 있고 놀이에 흥미가 감소해버릴 수도 있습니다.

처음 놀이에서는 이렇게 어설프게 트랙을 완성했어도 이것을 몇 번 경험하다 보면 아이는 도로를 만드는 과정을 분석할 수 있게 되고 그다음부턴 원하는 모양을 척척 만들어 낼 수 있습니다. 이때 중요한 건 부모님이 아이의 놀이를 지지해주되 간섭이나 어설픈 도움은 주지 않아야 합니다.

아이: *(경주 놀이를 실컷 한 후)* 엄마, 장애물이 생겼어. *(아이는 도로 중간중간 장애물을 만들기 시작한다. 처음엔 차량으로 도로를 중간중간 막아서 해본다. 적당하지 않다고 생각했는지 그것을 제거하고 몇 개의 컵을 가져와 세운다. 다시 장난감을 뒤져 바둑알을 몇 개 가져와 도로에 흩트려 놓는다.)*

아이: 엄마. 여기는 웅덩이야. 웅덩이에 빠지면 안 되니까 점프를 해야 해.

엄마: 경주가 더 어려워졌구나.

아이: 응 여기를 잘 넘어야 해. 이거는 돌멩이야. 돌도 넘어야 해.

엄마: 여러 가지 장애물들이 늘어났네. *(아이는 주차장에서 시작해서 도로의 장애물들을 건너며 놀이를 한다. 돌멩이를 피하기도 하고 덜컹덜컹 밟기도 하며 웅덩이에 빠지는 형태를 보이기도 하고 웅덩이를 뛰어넘기도 한다. 아이가 고른 자동차들은 모*

두 하나같이 다른 형태로 경주에 임한다. 그렇게 결승선에 도착한 자동차들의 순위를 지어준다.)

아이: 엄마! (차량 하나를 들어 보이며) 이건 바퀴가 약해서 돌멩이를 지날 수가 없어. 돌멩이를 지나다가 바퀴가 터진 거야. 그래서 꼴찌야.

엄마: 아. 그렇구나.

아이: 엄마! (다른 차량을 들어 보이며) 이건 바퀴는 센데 점프력이 약해. 점프하다가 웅덩이에 빠졌어. 근데 바퀴를 세게 돌려서 겨우 빠져나왔어.

엄마: (아이의 이야기를 들으며 끄덕끄덕)

아이: 이건 말이야. 제일 멋지잖아. 그래서 바퀴도 멋지지?

엄마: 이게 제일 멋진 자동차구나.

아이: 응! 그래서 점프력도 좋아~.

엄마: 그래서 이 자동차가 제일 먼저 왔구나.

아이: 응, 맞아.

→ 여기서 아이는 자동차를 분류하고 특징을 구분할 수 있습니다. 차량 각각의 특징을 살피고 자기 나름대로 역할을 부여한 것입니다. 부모님들은 다 거기서 거기인 자동차라 느꼈던 것을 아이는 유심히 관찰하고 분석해 평가한 것입니다.

위의 간단한 놀이에서도 알 수 있듯이 논리적이고 분석적인 사고력이 어렵게 시켜야 하는 활동이 아닙니다. 어린아이 때부터 아이는 놀이를 통해서 사고를 확장해나갑니다. 간단한 주차장에서 시작한 놀이가 경주까지 가는 것을 보십시오. 아이는 놀이를 확장하기 위해서 어떤 도구를 어떻게 사용할지 고민하고 그것을 적용해보며 시행착오 끝에 적정한 방법을 찾아낼 수 있습니다. 자신의 놀이에 대해 뭐는 어떻고 뭐는 어떻다고 평가도 할 수 있으니 얼마나 놀라운 사고력 향상 방법입니까. 누가 시키지 않았는데도 말입니다.

4

아이의 사생활을 인정하면
스스로 학습이 가능하다

　모든 것을 엄마와 공유하고 함께 해나갈 것 같던 아이는 어느 순간부터 질문에 대해서 "몰라"라는 이야기를 많이 합니다. 무슨 일이냐고 물어도 그냥 얼버무리거나 기억이 안 난다고 하는 경우도 늘어납니다. 엄마의 관심을 매우 귀찮아 하는 것처럼 보입니다. 별로 궁금하지도 않은 걸 옆에서 하염없이 재잘거리던 아이는 어디로 간 것일까요? 엄마의 도움 없이는 아무것도 못 하던 아이가 어느 순간부터 "내가~ 내가~"를 입에 달고 다니며 뭐든지 자기가 하겠다고 고집을 부리기도 합니다.

　이것을 통해 우리는 아이가 발달하는 과정을 이해할 수 있습니다. 아이가 부모님과 애착관계를 맺고 분리되기까지 부모님은 안정적으로 아이 옆에 있다는 것을 느끼게 해줘야 합니다. 아이가 성장하면서 점점 스스로 하겠다는 것도 많아지고 엄마의 관심을 부담스럽게 느끼기도 합니다. 이때 부모님은 아이가 안정적으로 부모님과 분리 개별화됐고 자아가 싹트기 시작했다는 것을 인정해줘야 합니다. '안 그러던 아이가 갑자기 왜 그러지?'라면서 더욱 간섭한다면 아이는 개별화된 존재로서의 존중감을 잃어버리게 됩니다. 아이가 할 수 있는 것을 모두 엄마의 코칭 하에 해야 한다면 아이에게 무력감을 불러일으킬 것입니다. 아이의 사생활은 자율성과 더불어 개인의 고유성을 존중해주는 포괄적인 것을 의미합니다. 우리나라처럼 부모 자녀 관계가 긴밀하게 엮여 있는 문화권에서는 사실 부모님의 노력이 상당 부분 필요할 것입니다.

많은 심리학 실험에서 사람을 움직이는 힘은 내적 동기에 의한 것이지 외적 동기에 의한 것이 아님을 증명했습니다. 즉, 자율적으로 뭔가를 하고자 할 때 그것 자체가 즐겁고 만족을 주기 때문에 더욱 몰입할 수 있다는 것입니다. '놀고 싶다', '축구를 잘 하고 싶다', '아이돌처럼 춤을 잘 추고 싶다', '친해지고 싶다' 등 아이들이 뭔가 '하고 싶다'라는 욕구 자체가 자율성의 기반입니다. '너 이거 하면 뭐 사줄게', '이거 안 하면 혼난다' 등의 당근과 채찍은 사람을 움직이는 데 한계가 있습니다. 심리학자 에드워드 데시는 이것을 자기 결정성 이론으로 설명하고 있습니다. 아이가 놀이를 하면서 즐거워하고 더 하고 싶어 하는 마음을 나타내는 건 내적 동기가 부여됐기 때문입니다. 놀이에 열중하는 것 자체가 보상이 되므로 지속해서 높은 동기를 불러일으키고 계속 활동을 할 수 있게 돼 자연스럽게 어떠한 결과물을 만들어 낼 수 있습니다. 그래서 부모님들이 선택하는 것이 놀이를 통한 학습입니다.

하지만 아이가 어떤 내적 동기에 의해서 자연적으로 시작한 활동에 대해 보상을 받게 되면 자발적인 의욕이 줄어들 수 있습니다. 놀이 그 자체가 목적이지 어떤 목적을 위해서 놀이를 활용해서는 안 된다는 것이 바로 이 때문입니다. 실제로 에드워드 데시 교수를 비롯해 수많은 심리학자가 이 가설이 옳은지 실험을 했습니다. 100건 이상의 실험에서 예상대로 외적인 보상이 내적 동기를 둔화시키는 것으로 나타났습니다.

데이비드 그린과 마크 레버라는 심리학자는 유치원생들을 데리고 이를 증명하기 위한 실험을 했습니다. 이 아이들은 모두 그림 그리기를 좋아하는 아이들이었습니다. 두 심리학자는 아이들을 A와 B 두 그룹으로 나눴습니다. A그룹의 아이들에게는 "그림을 그리면 상을 줄 거야. 많이 그리면 그릴수록 상을 많이 줄게"라고 말했습니다. B그룹 아이들에게는 아무런 이야기도 하지 않고 두 그룹 아이들에게 자유롭게 그림을 그리도록 했습니다. 실험이 끝난 뒤 A그룹 아이들에게는 이야기한 대로 그림을 그린 수대로 상을 줬습니다. B그룹의 아이들에게는 미리 말하진 않았지만 A그룹과 마찬가지로 그린 그림 수대로 상을 줬습니다. 일주일 뒤 유치원의 자유놀이 시간에 아이들에게 그림을 그리게 하고 얼마나 많이 그리는지 관찰했습니다. 이번에는 상이 없었습니다. 그 결과 A그룹의 아이들은 실험전과 비교해 눈에 띄게 적은 그림을 그렸습니다. 반면 B그룹 아이들은 실험 전보다 더 많은 그림을 그렸습니다. 이것은 아이들이 하는 활동에 보상을 줌으로써 오히려 스스로 그림을 그리려는 의욕을 꺾어 놓은 것입니다. B그룹 아이들 역시 상을 받기는 했지만 예상치 못한 상이었습니다. 예고 없는 상은 아이들에게 더욱 그림을 많이 그리고 싶은 내적 동기를 불러일으킨 것입니다.

남녀노소 관계없이 사람들은 누가 이래라저래라 하는 것을 싫어합니다. 스스로 선택하고 결정하고 싶어 합니다. 그것이 자연스러운 심리적 욕구며 이를 통해 더 성장하고 싶어 하는 것 역시 자연스러운 심리적 과정입니다. 최근에는 이러한 자연스러움이 상당히 억제된 것을 볼 수 있습니다. 유치원 아이 정도만 해도 스스로 하려고 애쓰고 자기만의 고유함을 드러내려 하지만 초등학생만 돼도 무기력해지고 맙니다. 그 안을 유심히 들여다보면 아이는 자기결정권이 없어 욕구를 펼칠 기회가 제한된 것을 알 수 있습니다. 아이의 사생활은 없이 시간에 쫓겨 해야 하는 일만 가득한 일상이 그렇습니다. 욕구를 인식하고 실현할 만한 여유가 주어지지 않는 것입니다. 아이들의 자발적인 욕구를 실현하려면 부모님의 노력이 필요합니다. 성공한 사람들의 뒤에는 아이의 사생활을 존중해준 부모님이 있었기 때문입니다.

페이스북의 창업자 마크 저커버그의 부모님은 자식을 키우면서 딱 하나의 원칙이 있었다고 합니다. 그것은 언제나 아들의 뒤에 있겠다는 생각이었습니다. 우리도 아이를 끌고 가지 말겠다는 생각을 하지만 이것을 실천하기는 참으로 어려운 일이라는 것을 압니다. 실제로 마크 저커버그는 2004년에 잘 다니던 하버드대학교를 그만두고 사업을 해보겠다고 부모님께 말드렸습니다. 아이를 존중해줘야겠다는 마음은 있어도 잘 다니던 미국 최고의 대학을 그만두겠다는 아들을 인정하기에는 쉽지 않았을 것입니다. 하지만 부모님은 자기만의 양육철학을 기반으로 아들의 앞길을 막지 않았습니다. 오히려 "그거 정말 재미있겠구나. 네 생각대로 한번 해보렴"이라고 지지해주셨다고 합니다. 결국 마크 저커버그는 큰 성공을 거둘 수 있었습니다.

이것은 하나의 일화에 불과하지만 마크 저커버그는 이러한 부모님 밑에서 성장하며 자율성에 도전을 받는 일은 없었을 것입니다. 마크 저커버그의 아버님은 치과의사, 어머니는 정신과 의사였습니다. 뉴욕의 유복한 집안에서 태어났습니다. 우리나라의 경우 부모님의 학력과 사회적 지위가 높을수록 아이의 사생활은 잘 존중되지 않는 경우가 많습니다. 부모님이 사회적으로 높은 위치에 올라가는 길을 잘 알고 있기 때문에 아이가 시행착오를 거치지 않고 성공의 길을 걸을 수 있도록 하려고 인생의 계획을 짜 놓는 경우가 많기 때문입니다. 이렇게 부모님의 짜놓은 루트대로 자라난 아이들은 내적 동기에 의해서 학습한 것이 아닌 외적인 간섭과 통제로 학습합니다. 외적 동기에 의한 학업 성취의 결과가 어떤지는 위의 유치원생 그림 실험에서도 알 수 있습니다. 그게 어떤 것이든 아이들은 자신의 자율적인 목표에 따라 움직이고 자라나야 자신이 가지고 있는 최대의 능력을 발휘할 수 있습니다.

학창 시절 시험 때문에 억지로 외웠던 역사를 얼마나 기억하고 계신가요? 주요 용어만 잔상에 남아 있을 뿐 큰 흐름은 다 잊혀졌을 것입니다. 하지만 우연히 보게 된 역사 드라마가 너무 재미있어 실제 정보를 찾다 보니 어느새 역사에 대해 전문가가 된 사례는 너무도 쉽게 볼 수 있습니다. 아이들이 학습하는 데도 자율성이 기반이 돼야 합니다. 최근에는 스마트폰이 학습에 방해돼 많은 가정에서 갈등이 나타나기도 합니다. 스마트폰 게임이나 SNS 활동, 웹툰, 유튜브 등에 과몰입해 다른 활동으로의 전환이 어려워지는 상황이 벌어진 것입니다. 하지만 자율적인 양육 태도를 보인 부모님에게서 자라난 아이들은 스마트폰에 중독될 가능성이 작다는 연구결과가 나왔습니다. 그냥 두면 노느라 공부도 안 하고 스마트폰만 하거나 놀 것 같지만 어릴 때부터 자율적으로 자란 아이들은 스스로 욕구를 인식하고 잘 조절할 능력을 키울 수 있습니다. 아이를 자율적으로 키우려는 노력은 아이와의 일상 놀이에서 충분히 할 수 있습니다.

〈아이와 유치원 등원하기〉

아이와 걸어서 유치원에 등원하는 길에 많은 놀이를 할 수 있습니다. 걸어서 20분쯤 된다면 아주 효과적인 놀이시간이 될 수 있습니다.

아이: 엄마~ 오늘은 어디로 가볼까?

엄마: 유치원 가는 길은 여러 개가 있지. 네가 골라보렴.

아이: 그러면 오늘은 여기로!

엄마: 그래. 그러자.

아이: 엄마~ 저기까지 누가 빨리 가나 달리기해요.

엄마: 그래!

아이: 준비~ 시~작! (아이와 보조를 맞춰 달려갑니다.)

엄마: 우리 아들 엄청 열심히 달렸구나. 엄마가 숨이 차네.

아이: 엄마 숨차? 그러면 달리기 그만하고 가위바위보 해서 이기는 사람이 한 발 가기를 해요.

엄마: 그래그래. 가위바위보~. (가위바위보 놀이를 하면서 한 발

씩 갑니다.)

아이: 어? 엄마, 여기 개미도 줄 서서 가요.

엄마: 그래? 어디 보자. 정말 그러네. 줄이 쭉 이어져 있구나.

아이: 어디로 가는 거지? (개미들을 따라가 본다. 엄마도 아이를 따라간다.)

아이: 엄마엄마! (흥분한 목소리로) 얘네들이 여기 과자 가지고 집으로 들어가는 거예요.

엄마: 오호. 그래?

아이: 자기 몸통보다 더 큰 걸 가지고 가요.

엄마: 개미가 엄청 힘이 세 보이는구나.

아이: 여기가 집인가 봐요.

엄마: 정말 그러네. 여기로 들어가고 있네.

아이: 집 속은 어떻게 생겼지?

엄마: 개미집은 어떻게 생겼는지 궁금하구나.

아이: 네. 이거 파볼까?

엄마: 파보면 알 수 있을 것 같구나. 근데 말이야~ 파면 집이 무너지지 않을까?

아이: 음…. 그러네. 집이 부서지겠어요.

엄마: 부서지지 않고 어떻게 볼 수 있을까?

아이: 엄마! 나 개미를 키워볼래요. 그러면 개미가 집도 짓고 먹이도 나를 거예요.

231

엄마: *아하. 개미를 키우면서 개미가 어떻게 집을 짓는지 보면 되겠구나.*

아이: *네! 이제 빨리 유치원 가요.*

아이는 유치원 가는 길을 자기가 정해서 갑니다. 엄마가 보기엔 어느 길이 더 가까운지 잘 알 것이지만 아이의 의견을 존중해주고 따라가 줍니다. 호기심 많은 어린아이에겐 세상은 모두 흥미 있고 재미있습니다. 엄마와 가면서도 달리기놀이, 가위바위보놀이를 제안하고 엄마는 이에 수용적으로 따라줍니다. 한 발 한 발 천천히 걷다 보니 개미떼도 발견합니다. 아이가 개미를 발견하고 가는 길을 멈췄지만 엄마는 아이의 관찰을 존중해주고 있습니다. 개미를 관찰하다 보니 아이는 개미집을 궁금해하고 집을 보고 싶은 마음을 드러냅니다. 이때 엄마는 개미집이 부서질 수 있다는 가능성을 안내할 뿐 아이에게 '안 된다'라고 하지 않습니다. 엄마의 의견에 아이도 쉽게 수용하고 다른 대안을 찾아냅니다. 아이의 생각을 적극적으로 받아들여 주는 엄마를 보자 아이는 신나서 가던 유치원을 서둘러 가자고 합니다. 엄마는 아이가 자율적으로 행동할 수 있도록 충분히 수용하고 지지해줍니다. 아이도 그런 과정에서 자신의 의견을 자신 있게 내보이고 확신하는 모습도 보입니다. 그렇지만 거기에 빠져 유치원 가던 것을 잊지는 않습니다. 오히려 신나서 더욱 즐겁게 유치원에 등원합니다.

5

아이를 비난하지 않으면
학습 성취력이 향상된다

아이가 실수했을 때나 잘못했을 때 부모님들은 어떻게 훈육하고 계신가요? 신체적 처벌이나 심리적 위협을 가하지는 않으신가요? 우리는 아이를 키우면서 뭐가 옳은지 그른지, 어떻게 행동해야 하는지 등 가르쳐야 할 것이 많습니다. 간단한 일상생활 행동부터 위생관리, 예절, 사회성, 자기표현, 인성 등등 가르쳐야 하는 것이 한두 개가 아닙니다. 우리 아이가 놀이터에서 놀 때를 상상해보십시오. 해는 어둑어둑해집니다. 이제 들어가서 저녁도 먹이고 씻기고 재워야 할 일이 남아 있습니다. 엄마는 이런저런 계산을 한 후에 "00야~ 이제 집에 들어가야 해"라고 말합니다. 아이는 "싫어! 더 놀 거야"라며 엄마의 말을 거부합니다. 들어가서도 할 일이 많

233

은 이런 상황에서 부모님들은 어떤 선택을 하십니까?

> *"안 돼! 집에서 할 일이 얼마나 많은데, 도대체 언제 하려고!"*
> *"넌 한번 나오면 들어갈 줄을 모르더라!"*
> *"그럼 나 먼저 들어간다!"*
> *"너 이렇게 말 안 들으면 이제 놀이터 나오지 않는다."*
> *"너 혼나고 들어갈래? 그냥 들어갈래?"*

어떤 방법을 많이 쓰시나요? 우리가 익히 사용하는 이런 이야기들은 모두 아이를 비난하고 심리적으로 위협을 가하는 방법들입니다. 이런 이야기를 들은 후 아이들은 어떻게 반응하나요? "알았어! 알았다고!", "싫어! 더 놀다 갈 거야", "다 엄마 마음대로만 해"라면서 엄마 말을 듣고 싶은 마음이 더 사라지고, 놀이터에서 놀고 싶은 마음을 더 강렬해질 것입니다.

우리나라는 다른 나라에 비해 자녀에 대한 애정과 기대가 높은 편입니다. 그래서 아이가 부모님의 말을 따르지 않는 것을 받아들이기 어렵습니다. 빠르고 쉽게 따르게 하려면 어떤 위협을 가하는 방법이 효과적입니다. 어려서부터 신체적, 심리적 위협을 느끼며 자란 아이들은 어떻게 성장할까요? 아이는 공격성을 배워 타인을 향해 사용할 수 있습니다. 자신의 자발적인 의견을 표현하고 자신만의 목적을 달성하려고 추진력을 갖는 일을 어려워할 수도 있습니다. 내 마음대로 하는 게 어려웠기 때문에 삶을 대하는 태도가 수동적으로 변할 수 있습니다.

조금 큰 아이들을 예로 들어볼까요? 학교에서 성적표를 받아왔습니다. 다른 과목에 비해서 수학성적이 저조합니다. 이런 성적표를 맞닥뜨린 순간 부모님은 아이에게 어떤 이야기를 해주실 수 있을까요?

"잘했네. 그런데 이 수학성적이 문제구나."
"그러게 수학 문제집 좀 더 풀라고 했잖아."
"수학이 이게 뭐니."
"안 되겠다. 당장 수학학원 옮겨야겠다."
"도대체 무슨 정신으로 문제를 푼 거야?"

첫 번째는 부드럽게 표현하고자 노력했지만 사실은 수학성적이 문제라고 아이에게 말하고 있습니다. 그 아래의 표현은 모두 직접적인 비난입니다. 이 이야기를 들은 아이들은 무슨 생각을 할까요? '수학공부를 더 열심히 해야겠다'라고 생각하길 기대하겠지만 '아, 수학 때문에 짜증나!', '수학이 제일 싫어!', '수학이 없었으면 좋겠어!'라는 생각을 합니다. 부모님이 가르치고 싶은 것은 아이가 수학에 대해 내적 동기를 가지고 더욱 열심히 하는 것이었겠지요. 하지만 다른 과목들보다 수학을 더욱 싫어하게 되는 결과를 가져오게 됐습니다.

위의 두 가지 사례 모두에서 보듯이 무엇 때문에 부모님의 의도와는 다른 결과들이 아이에게 전달되는 것일까요? 바로 아이의 행동에 대해 부모님이 판단하고 평가해 비난하기 때문입니다. 비난받은 아이는 새로운 행동을 시도하거나 세상에 관심을 가지기가 어렵습니다. 실패해도 괜찮다는 마음이 들도록, 쉽게 판단하지 않고 실수를 허용해주는 분위기가 가정이나 학교에서 이뤄져야 합니다. '괜찮아'라는 생각을 하는 아이는 '그래~ 오늘은 못 놀아도 내일 놀면 되지 뭐~', '다음 시험에 좀 더 애써봐야겠다'라는 생각을 스스로 할 수 있습니다. 이런 생각을 하게 된 아이는 결코 실패 자체에 연연하지 않고 앞으로 더 나아갈 수 있습니다. 우리가 조금 더 잘 해보라고, 내 말을 잘 들어보라고 하지 않아도 아이는 스스로 더 나은 방향을 향해 전진할 것입니다.

어린 아이일수록 부모님과의 놀이를 통해 아이가 한 실수도 실패도 괜찮다는 마음가짐을 키우며 자라날 수 있습니다. 놀이는 온통 실수와 엉뚱함으로 실패의 연속이니까요. 놀이 경험이 적은 아이들은 실수에 대해 '괜찮다'라는 마음을 성립할 기회가 적습니다. 엄마가 옆에서 "괜찮아. 그럴 수도 있어"라고 이야기해줘도 말로 하는 언어의 전달은 고작 10% 미만입니다. 아이가 놀이를 하면서 온몸으로 괜찮음을 느껴야 합니다. 아이들에게 놀이할 기회를 주지 않는 것은 안전한 실패에 대한 경험을 주지 않는 것이고 이것은 미래에 자신의 실패가 두려워 도전하지 못하는 사람이나 의존적인 사람으로 만들 수도 있습니다.

아이들이 실패하면서도 괜찮은 놀이를 살펴볼까요?

아기 한 명이 기어 다니며 집안 여기저기를 돌아다닙니다. 엉금엉금 기어서 누나의 방에 들어가게 됐습니다. 누나의 침대가 눈에 띄었죠. 아기는 발을 버둥대며 누나의 침대에 올라가려고 애를 씁니다. 물론 한 번에 올라갈 수 없었죠. 얼굴이 빨개지고 발은 버둥거리는 경험을 몇 차례 하고 나서 드디어 침대에 올라갑니다. 침대에 앉아 아래를 바라보며 뿌듯한 마음을 가질 수 있습니다. 이때 부모님이 아이가 버둥거리는 모습이 안쓰러워 침대에 올려준다면, 혹은 침대에 올라가면 안 된다고 잡아 내린다면 아이는 침대에 올라가려고 노력할 기회 자체가 제한될 것이며 실패의 경험도 없었을 것입니다.

이 아이가 침대에 올라가 보니 침대 바로 옆에 있는 책상이 눈에 띕니다. 침대에선 책상도 올라갈 수 있을 것처럼 보입니다. 다시 책상에 올라가고자 끙끙 애를 씁니다. 여기도 역시 몇 번의 실패 끝에 올라갈 수 있습니다. 아이는 기분 좋게 책상에 올라가 아래를 내려다봅니다. 아이가 그동안 봐왔던 세상보다 몇 배나 높은 곳에 올라와 있는 걸 깨닫고 두려움을 느낍니다. 잠시 밑을 내려다보고 위도 올려다보고 어떻게 해야 할지 난감한 상황에 빠진 아이는 울음으로 엄마를 부르게 됩니다. 달려온 엄마가 본 상황은 그야말로 기가 막히죠. 기어서 오르고 올라 높은 책상까지 올라가 있다니요. 이때 엄마가 아이에게 "도대체 한시도 눈을 뗄 수 없게 계속 사고를 치니. 아이고 내가 정말 못 살겠다"라고 비난과 푸념을 한다면 아이는 그 말을 다 알아듣지는 못해도 엄마 목소리 톤과 표정들 그리고 자신을 안아 내린 엄마의 손길에서 큰 죄책감을 느낄 것입니다. 뭔가 의욕적으로 해보려는 작은 싹이 밟힌 순간입니다.

우리는 아이의 실수에 대해 꾸짖고 나무라는 것이 이렇게 어린 시절부터 시작된다는 사실에 큰 경각심을 가져야 합니다. 이때부터 시작된 비난은 내 맘대로 하려는 3~4살에, 학업적 성취가 중요한 학령기에, 반항하는 사춘기에, 좌충우돌하는 성인 초기까지 지속해서 이뤄집니다. 아이가 커갈수록 점점 의욕적으로 하는 일이 줄어들고 시키는 일만 겨우 하려고 하며 흥미 있는 일이 없다고 한다면 내 아이를 대하는 부모님의 마음이 긍정적이었는지 생각해봐야 합니다. 요즘 아이들이 안정적인 직업을 선호하고 건물주를 선호하는 일들도 역시 의욕을 잃어버린 모습을 대변합니다.

이번엔 아기 보다는 조금 큰 아이의 놀이입니다. 아이들은 블록쌓기 놀이를 좋아합니다. 높이 높이 자기 키만큼, 키보다 더 높게 쌓았을 때 그 만족스러워하는 표정을 본 적이 있나요? 물론 그 과정에서 많은 좌절과 실패를 할 것입니다. 지켜봐주는 부모님이 개입하지 않는다면 아이가 겪는 실패나 좌절은 충분히 견디고 성장할 수 있는 밑바탕이 됩니다. 블록을 두세 개 쌓을 때까지는 매우 쉽습니다. 균형이 조금 어긋나도 그 정도는 충분히 세워집니다.

하지만 그다음부터는 무게중심을 잘 잡아야 합니다. 한쪽으로 중심이 흐트러지지 않도록 조심하면서 위로 올려야 합니다. 아이가 네 개째 쌓는 순간 와르르 무너집니다. 아이의 손은 아직 정교하지 못해서 위에 올리는 블록의 중심에 맞추려면 엄청난 노력을 해야 합니다. 보고 있는 부모님은 좀 답답합니다. "그렇게 올리면 또 쓰러져. 봐봐 여기에 잘 맞춰서 놔야 해"라고 말하고 싶을 것입니다. 말은 친절하게 해주지만 그 의미는 "지금 잘못하는 중이야"라는 뜻이 되죠. 부모님은 아이의 실수도 실패도 조금 버텨주는 노력이 필요합니다. 그저 "높이 쌓고 싶구나!"라고 아이가 높이 쌓고 싶은 마음에 대해서 인정해주고 지지해주시기만 하면 됩니다.

아이는 수도 없이 실패할 것입니다. 쌓다가 무너지고 쌓다가 무너지고를 반복하다가 불현듯 무슨 생각이 떠올랐는지 바닥면의 블록을 여러 개 놓습니다. 과학이나 수학적 원리를 누가 가르쳐 준 것도 아닌데 균형을 잘 잡게 하려고 바닥면의 블록을 여러 개 놓아 안정적인 기반을 잡은 것입니다. 위의 블록을 하나씩 줄여가며 성처럼 블록을 쌓습니다. 처음의 것보다는 훨씬 높아졌지만 쉬이 넘어지지는 않는 구조가 됐습니다. 아이는 만들어 놓은 작품을 보면서 성취감을 느낄 것입니다. 그 성취감 때문에 자신이 했던 실패는 다 잊어버렸을지도 모릅니다. 부모님이 보기엔 아직도 좀 불안정해 보일 것입니다. '이렇게 하면 더 높이 쌓을 수 있을 텐데'라는 마음도 들 것입니다. 하지만 이때 부모님이 해줄 것은 "와~ 드디어

네가 여기까지 쌓았구나! 애썼네"라는 축하의 말입니다.

이러한 경험이 축적된 아이는 실수나 실패를 두려워하지 않게 됩니다. 그 뒤에 이어질 성취감을 맛보며 자라왔기 때문입니다. 어린 시절에는 놀이하면서 경험하는 작은 실수와 실패를 경험하고 그것을 해결하는 시간도 짧아서 성취감을 얻는 횟수도 많습니다. 부모님이 아이의 실수에 대해 수용적으로 받아들이고 괜찮다는 마음을 보여준다면 아이는 놀이를 하면서 마음의 근육들을 단련시켜 나갈 것입니다.

하루는 엄마가 야심 차게 아이와 물감놀이를 하려고 준비합니다. 물감, 붓, 물통, 전지를 준비해서 아이와 그림을 그려보자고 합니다. 물감을 짜고 있는 엄마한테 다가와 아이는 내가 짜보겠다고 합니다. 엄마는 팔레트를 주며 여기다 짜면 된다고 알려줍니다. 아이는 물감을 짜다가 엄마가 말한 칸이 아닌 옆 칸까지 넘어가게 됩니다. 여기에서 아이의 첫 번째 실수가 일어납니다. 어렵사리 물감을 다 짜고 붓을 이용해 엄마가 그림 그리는 것을 모델링 보여줍니다. "우리 해님 그려볼까?"라면서 해도 그리고 달도 그려봅니다. 아이도 붓을 들고 엄마처럼 그려보고자 하지만 마음대로 잘 안 됩니다. 전지를 삐죽 넘어가 바닥까지 물감이 묻히게 됩니다. 아이의 두 번째 실수가 나타납니다.

붓 사용이 서툰 아이는 손가락에 물감을 묻혀 그려보고 싶습니다. 손가락에 물감을 푹 묻혀 그림을 그려 나갑니다. 처음엔 한 손가락으로 조심스럽게 하더니 물감을 묻히는 손가락 개수가 점점 늘어납니다. 열 손가락에 물감을 묻히고 그림을 그리더니 그 손으로 엄마 옷을 치면서 "엄마엄마~ 이거 봐봐"라고 합니다. 손가락에 묻은 물감과 손톱 틈에 끼인 물감까지도 난감하던 찰나에 엄마 옷까지 더럽혔으니 엄마의 표정관리가 어려워지는 시점입니다. 아이의 세 번째 실수입니다.

엄마의 표정을 보고 아이는 긴장해 물을 담아 놓은 물통에다가 손을 씻으려고 시도합니다. 물통이 엎어지고 맙니다. 그동안 그려 놓았던 그림은 물에 번지고 바닥도 물바다가 돼버립니다. 아이와 알콩달콩 즐겁게 하려던 미술놀이가 이렇게 마무리됩니다. 간단한 미술놀이 안에서 아이는 계속 실수를 합니다. 몇 번의 실수로 놀이가 마무리되기도 하고요. 엄마는 처음에 아이와 즐겁게 하려던 마음이 짜증으로 변하고 끝났을 수도 있습니다.

여기에서 아이의 잘못에 하나하나 반응하며 지적했다면 미술놀이는 두세 번의 실수에서 끝나버렸을 수 있습니다. 결국엔 "난 그림 그리는 거 못 해"라면서 놀이가 끝나고 자신은 그림을 잘 그리는 사람이 아니라고 생각하게 됩니다. 나중에 미술을 또 하고 싶은 마음이 들지 않을 수도 있습니다. 실수 안에서 엄마가 새로운 놀이를 만들어 제안하고 유연하게 대처한다면 아이는 미술이라는 형태로 다양한 놀이를 경험하고 즐길 수 있습니다. 자신이 했던 실수는 다른 놀이를 하는 순간 잊힐 것입니다. 미술놀이는 재미있다는 걸 인식하게 된 아이는 다음에도 그다음에도 미술놀이를 하려고 하며 그 안에서 새로운 재미들을 계속 찾아 나갈 것입니다.

　우리는 몇 가지 사례와 놀이를 통해서 부모님의 반응이 아이에게 어떤 영향을 미치는지 알아봤습니다. 지적을 받고 비난을 받으며 자란 아이는 실패를 받아들이지 못합니다. 실패를 받아들이지 못하는 것은 새로운 것을 할 용기를 갖지 못하게 되는 것과 마찬가지입니다. 실패해도 괜찮다는 태도가 아이를 성장시킬 수 있는 밑거름이 됩니다.

6

놀이와 학습의 균형은
아이의 자발성을 향상시킨다

여러 통계 자료를 종합해 보면 현재 우리나라의 어린이들은 과중한 사교육으로 쉬는 시간이 턱없이 부족하다는 것을 알 수 있습니다. 자연적인 발달을 위한 놀이시간마저도 밀려드는 디지털 미디어에 그 자리를 내어주고 있습니다. 최근 '워라밸(Work-Life Balance)'이라는 단어가 선풍적인 인기입니다. 일과 삶의 균형을 잡아가며 삶을 더 윤택하게 살아가고자 하는 사회적인 움직임입니다. 이 안에서 자신이 좋아하는 활동도 해보고 자신만의 소소한 즐거움도 찾아보는 등 앞만 보고 달리던 성취 중심적 사회에 대한 반격입니다. 부모님들이 자신의 삶을 찾고자 이러한 노력을 하는 가운데 과연 우리의 아이들의 삶은 얼마나 균형감 있는지 생각

243

해 봐야 할 때입니다. 얼마 전 한 신문사의 기획 기사에서 스라밸 (Study-Life Balance)이라는 말이 등장했습니다. 아이들의 생활이 얼마나 학습에 치우쳐있는지 나타내는 서글픈 단어입니다. 아침부 터 저녁까지 이어지는 학습이 우리가 기대하는 만큼의 효과를 나타 내고 있을까요? 그에 따른 부작용이 더 크게 나타나고 있지는 않을 까요?

최근 상담 현장에서는 수업에 집중하지 못하거나 학습에 의욕이 없어서 수업에 참여하지 못하는 학생이 늘어나고 있습니다. 이 아이 들은 수업시간에 멍하니 있거나 수업에 방해되는 행동들을 하기도 합니다. 심한 경우 학교에 대한 거부감이 심해 등교하지 못하는 경 우도 있습니다. 자연스럽게 학습에 대한 동기도 낮아지고 또래 관계 안에서도 무기력한 모습들을 보여 학교생활 전반에 걸쳐 어려움을 나타내기도 합니다. 학교에서 반복적으로 무기력을 나타낸 아이들 은 새로운 학습에 도전하지 않고 미래에 대한 방향감을 상실해 전반 적인 일상생활에서도 관심과 흥미를 잃어버리게 됩니다.

유엔아동기금(UNICEF, 유니세프)에서 발표한 '국가별 학업 스 트레스 설문조사' 결과 우리나라가 50.5%로 1위를 차지했습니다. 학업 스트레스가 가장 낮은 나라는 네덜란드로 우리나라의 3분의 1수준 정도의 스트레스 지수를 나타냈습니다. 그뿐만 아니라 우리 나라 18세 미만의 어린이 청소년의 주관적 행복지수도 OECD 국가 중 꼴찌를 차지했습니다. 학교에 다니는 아이들이 '우울하다'라는 말을 자주 하고 공부하느라 놀 시간은 거의 없다고 하는 건 아이들의 어려움을 나타내는 단적인 예시입니다. 비단 학교 다니는 학생들만이 이러한 상황에 있는 것은 아닙니다. 불행하게도 대부분의 유치원 수업에서 놀이가 사라져 가고 있습니다. 특히 우리나라 7세 아이를 담당하는 유치원은 1학년을 준비하려고 더 빨리 앞서서 글을 가르치고 아이들은 단순 암기를 반복하면서 놀 시간을 빼앗기고 있습니다.

우리는 아이들의 학습시간이 늘어날수록 아이들의 지식이 늘어갈 것이라고 믿으며 교육적 투자를 아끼지 않습니다. 아이들은 이것을 충분히 받아들일 수 있을까요? 어떻게 하면 학습이 잘 이뤄질 수 있을까요? 바로 학습과 놀이의 균형에서 그 답을 찾을 수 있습니다. 우리가 습득한 지식은 단기기억 속에 저장됩니다. 이 단기기억은 말 그대로 단시간 기억할 수 있는 것으로 자연스럽게 소멸해 버립니다. 단기기억에 있는 것을 장기기억으로 변환해야 뇌에 새겨져 지식으로 활용할 수 있습니다. 습득한 학습적 지식을 단기기억에서 장기기억으로 옮기는 방법은 무엇일까요?

그동안 많은 연구에서 밝혀진 내용으로 장기기억은 수면 중에 뇌의 해마에서 변환이 이뤄지는 것으로 알려졌습니다. 즉, 습득한 것을 정리해 내 것으로 만들 시간이 필요하다는 것입니다. 잠을 자는 동안 아이들의 뇌 속에서는 많은 일이 일어납니다. 오늘 했던 놀이나 학습들이 펼쳐지기도 하고 그것을 장기기억으로 변화시켜

245

나만의 지식으로 만들기도 합니다. 충분히 잠을 자지 못한다면 그 지식은 그저 단기기억 속에 떠다니다 사라질 뿐 장기기억으로 전환되지 못합니다. 청소년은 물론이고 어린아이들의 수면시간도 줄어들고 있는 상황에서 생활하는 시간과 쉬는 시간의 균형에 대한 중요성을 다시금 생각해 봐야 합니다. 많은 것들을 지속해서 아이들에게 주입했을 때 아이는 그것을 자기화하기 어렵습니다. 하지만 아이들이 습관적으로 경험하거나 의지적으로 반복한 학습 내용은 어렵게 구조화시켜서 머릿속에 넣으려 하지 않아도 쉽게 떠올릴 수 있습니다.

아이들이 한글학습을 할 때 매일 글자를 가르치고 기억을 하는지 못하는지 시험을 통해 체크하는 활동이 일반적인 학습 과정입니다. 아이가 스스로 동기를 가지고 한글에 관심을 가진다면 이러한 학습 과정은 굳이 필요하지 않습니다. 유치원 신발장에 자신의 신발을 넣으며 옆에 친구의 신발을 살핍니다. 거기에는 평소에 나랑 친하게 놀던 친구의 이름이 붙어 있습니다. '내 친구 이름은 글자로 저렇게 쓰는구나'라면서 글자를 인식할 수 있습니다. 그 다음날엔 다른 친구의 이름을 보고, 다음날엔 또 다른 친구의 이름을 보며 아이는 친구의 이름을 글자로 인식하는 과정에 흥미를 느끼게 됩니다. 바로 스스로 학습자가 되는 것입니다. 그저 놀이 삼아 하는 그 활동엔 평가도 강요도 존재하지 않습니다. 습관적이고 반복적이지만 즐겁게 그 활동에 임하면서 자연스럽게 한글학습이 됩니다. 놀이와 학습의 균형을 아이 스스로 찾은 것입니다.

학습하는 좋은 방법의 하나는 자극적인 경험입니다. 아주 오래 되거나 한 번을 겪은 일일 뿐인데도 생생하게 기억이 나는 것은 아이들에게 그것이 매우 자극적이었기 때문입니다. 부모님들이 아이들에게 학습할 내용을 설명해주고 아이는 단지 듣기만 하는 활동은 흥미 있지도 자극적이지도 않습니다. '어? 저건 뭐지?', '아~ 이런 거였구나'라고 스스로 알아차리는 순간의 학습 내용은 잊히지 않고 남아 있습니다.

뇌 발달 관점에서 봤을 때 지식을 구성하는 데 있어서 모든 감각을 사용하는 것이 효과적입니다. 더 물리적이고 신체적인 상호작용을 통해 학습할 때 효율성을 극대화할 수 있습니다. 현실 세계와의 이러한 상호작용이 바로 놀이입니다. 아이들에게 있어서 놀이는 앞으로 살아갈 세상을 배워나가는 방법이며 그 자체로 큰 즐거움을 줍니다. 이때 아이들은 수동적으로 배우는 학습자가 아니라 적극적으로 탐구하고 알아가고자 노력하는 능동적인 학습자가 됩니다. 그 재미 때문에 학습한 내용도 아이에게 지속해서 남아 있게 됩니다. 부모님들도 학창 시절 시험을 위해 외웠던 암기과목의 내용은 많은 부분 잊어버렸을 것입니다. 하지만 어린 시절 놀았던 놀이, 노래들은 더 오래된 기억임에도 향수처럼 남아 있습니다. 놀이의 자발성, 즐거움, 반복 등으로 자연스럽게 우리의 뇌에 자리를 잡게 된 것입니다.

부모님들도 어렸을 때는 몸놀이를 많이 했을 것입니다. 줄넘기나 고무줄놀이, 축구, 농구, 야구, 피구, 말뚝박기, 달리기, 잡기놀이 등등 몸으로 할 수 있는 놀이는 이루 헤아릴 수 없이 많았습니다. 덕분에 학교 운동장이나 동네 공터, 골목길엔 아이들이 뛰어다니는 소리로 시끌벅적했습니다. 하지만 요즘엔 스마트폰, 컴퓨터, 텔레비전 같은 미디어의 발달로 아이들이 몸놀이를 하기보다는 정적인 놀이를 더 선호하게 됐습니다. 몸놀이의 부족은 비만이나 체력저하 같은 신체적 문제는 물론 우울증 같은 정서적 문제도 일으키고 있습니다. 뇌의 신진대사와 산소공급 역시 몸을 움직이며 나타날 수 있습니다. 이것이 원활하지 않아 기억력이나 집중력도 현저하게 떨어지게 됩니다.

몸으로 하는 놀이에 관한 긍정적인 연구는 지속해서 발표되고 있습니다. 신체 발달뿐만 아니라 정신적 스트레스를 줄여주는 일, 뇌의 구조를 개선하는 일까지 다방면으로 효과를 보고하고 있습니다. 특히 운동이 항우울제를 복용하는 것보다 더 큰 효과를 나타낸다는 연구결과도 발표돼 자연적인 치유제 역할을 하기도 했습니다. 미국 하버드 의대 정신과 교수인 존 레이티 교수는 신체와 정신이 하나라는 이론을 바탕으로 운동과 뇌의 관계를 살펴 과학적으로 분석한 뇌 연구의 권위자입니다. 존 레이티 교수는 '운동의 진정한 목적은 뇌의 구조를 개선하는 것이다. 운동이 생물학적 변화를 촉발해서 뇌세포들을 서로 연결시킨다'라고 했습니다. 실제로 존 레이티 교수는 미국의 일리노이주의 네이퍼빌 센트럴 고등학교에서 0교시 달리기 수업을 배치하는 실험을 했습니다. 달리기 수업 후 1, 2교시에는 가장 어렵고 머리를 많이 써야 하는 과목을 배치했습니다. 한 학기 동안 달리기 수업을 받은 학생들은 학기 초보다 읽기와 문장 이해력이 17% 증가했고, 달리기 수업에 참여하지 않은 학생들보다 성적이 2배가량 높았습니다. 또한 수학, 과학 성적이 전국 하위권이던 이 학교는 전 세계 과학평가에서 1위, 수학에서 6위를 차지했습니다.

유산소 운동을 통해 나타나는 신경세포성장인자는 뇌세포의 성장을 촉진하며 세포가 소멸하는 것을 방지하거나 더디게 합니다. 또한 이것은 뇌 안에서 복잡 다양한 과정을 거쳐 정신적인 환경을 최적화합니다. 더불어 도파민이나 세로토닌 같은 신경전달 물질의 분비를 촉진해 각성도와 집중력, 의욕을 고취하고 정서적 안정감을 주기도 합니다. 즉, 뇌세포의 기능을 강화하고 뇌세포를 새로 만들어 내기도 하며 뇌의 인지적 유연성도 대폭 증가시킵니다. 쳇바퀴를 쉬지 않고 돌리는 쥐의 해마에 수많은 뇌세포가 새로 생긴 것을 우연히 발견하고 몸을 움직이는 놀이가 뇌에 큰 영향을 끼친다는 것을 알게 된 것입니다.

그래서 뇌 학자들과 진화론자들은 원시시대부터 존재했던 생명체가 인간으로 진화하면서 생각이나 의식을 갖게 된 이유가 바로 몸을 움직이기 때문이라고 주장합니다. 생존을 위해 천적으로부터 도망가고 먹이를 찾아 움직이면서 뇌의 감각기능과 예측능력, 판단능력 등이 발달했고 이로써 사람에게 생각이나 의식이 생겨났다는 것입니다. 바닷가에 가보면 멍게나 굴처럼 바위에 붙어 움직임이 없는 생명체에는 뇌가 존재하지 않는 것만 봐도 움직임과 뇌의 발달은 큰 상관관계가 있음을 알 수 있습니다.

　놀이 행동을 자주 보이는 아이들이 자기조절학습능력이 높다는 연구결과 역시 놀이와 학습능력은 별개의 것이 아님을 나타냅니다. 아이가 자발적으로 놀이하는 것이 앉아서 하는 학습과 조화로운 상태가 될 때 아이는 자신의 능력을 최대한 발휘할 수 있습니다. 몸놀이는 뇌 발달과 학습에 직결된다는 사실을 깨닫고 바로 운동 학원을 알아보실는지도 모르겠습니다. 자발성이 뒷받침되지 않는 운동은 체벌과 같은 스트레스며 오히려 뇌 발달과 학습에 더 부정적 영향을 끼치게 됩니다.

　아이와 함께 놀이하면서 뇌 가소성을 높이고 학습에 자율성을 고취시키기 위해서 부모님들은 어떤 노력을 해줄 수 있을까요? 어렵지 않습니다. 에너지가 많은 아이는 하고 싶은 놀이가 많이 있습니다. 그중에서도 몸놀이는 특히 아이들이 좋아하는 놀이입니다. 어린아이들은 손을 잡고 위로 콩콩 뛰어주기만 해도 큰 운동이 되고 즐거움을 얻습니다. 조금 더 발전시켜 손잡고 빙글빙글 돌기, '무궁화 꽃이 피었습니다' 놀이도 좋습니다. 그냥 마냥 놀이터나 공원을 뛰어다니는 것도 좋은 놀이입니다. 조금 큰 아이들은 규칙이 있는 경쟁놀이를 좋아합니다. 농구, 축구, 피구, 야구 등 구기 종목이나 줄넘기를 이용한 '꼬마야 꼬마야' 놀이도 효과적입니다. 너무 더운 여름이나 추운 겨울엔 집에서 같이 스트레칭이나 맨손체조를 해도 좋습니다. 아이들과 같이 장보기, 산책하기, 집안 일하기 등도 몸놀이의 하나로 이용할 수 있는 것들입니다. 이때 아이는 부모님과 뭔가를 해나가는 기쁨과 함께 뇌에서 분비되는 긍정의 호르몬으로 앉아서 공부만 할 때보다 더욱 효과적으로 학습할 수 있습니다.

특히 또래와의 집단 놀이는 자기조절학습능력을 더욱 높여준다는 연구결과가 있습니다. 이러한 연구결과를 기반으로 여러 초등학교에서 놀이를 중요시하는 움직임도 함께 나타나고 있습니다. 학교는 또래와 만날 수 있는 가장 적극적인 장이기 때문에 아이들은 함께 놀이하고 학습하며 자라날 수 있습니다. 학교에서 진행하는 집단 놀이에 참여한 아이들은 다양한 놀이 활동을 통해 즐거움을 경험하고, 점차 놀이에 적극적인 참여를 하게 됐습니다. 이를 통해 자연스럽게 자신의 감정을 표현할 기회와 방법을 알게 됐고 행동에 대한 조절감을 스스로 가지게 돼 자신에 대한 긍정적인 인식도 역시 높아졌습니다. 아이들의 이와 같은 변화는 결국 학교와 학습에 대한 사고를 변화시켜 학습 능률을 높이는 결과를 가져왔습니다. 학교가 싫은 아이들, 공부가 싫은 아이들에게 필요한 처방전은 친구들과의 즐거운 놀이였던 것입니다.

결국 아이의 학습에 가장 큰 영향을 미치는 것은 적절한 수면,

적절한 학습량 그리고 놀이입니다. 이것들의 균형이 아이를 균형 있게 성장할하도록 해줍니다. 이제는 부모님들의 워라밸 만큼 아이들의 스라밸도 생각해야 할 때입니다.

7

부모의 긍정적 기대는
아이의 학습 자존감을 높인다

"넌 할 수 있다고 말해주세요. 그럼 우리는 무엇이든 할 수 있 지요~" 아이 키우는 부모님들은 다들 아는 동요일 것입니다. 유치 원에서 배워와 아이들이 흥얼거리기도 합니다. 응원의 말은 힘들 거나 지칠 때 다시금 애써 힘을 낼 수 있는 에너지를 전달해줍니 다. "넌 할 수 있을 거야"라는 상대의 말은 나의 가치감을 높여 기 대에 부응하려고는 노력하게 하는 원동력이 됩니다.

긍정적 기대와 관련 있는 심리학 실험이 1968년 하버드대학교 사회심리학과 교수 로버트 로젠탈 교수로부터 이뤄졌습니다. 로 버트 로젠탈 교수는 미국 샌프란시스코의 한 초등학교에서 실험 을 했습니다. 한 초등학교의 전교생을 대상으로 지능 검사를 실시

253

한 후 지능 검사와는 관계없이 무작위로 20%의 학생을 선발했습니다. 담임선생님께는 그 아이들이 특히 지능지수가 높은 아이들이므로 학업 성취 향상 가능성이 매우 높은 아이들이라고 소개했습니다. 담임선생님은 그 아이들에 대한 기대가 높아져 열심히 가르치고 격려도 아끼지 않게 됐습니다. 아이들도 그러한 선생님의 기대에 부응하려고 노력했을 것입니다. 8개월 후 다시 지능 검사를 했는데 깜짝 놀랄 만한 결과가 나타났습니다. 무작위로 선발된 아이들의 지능지수가 기존 검사의 지능보다 높게 나타난 것입니다. 성적도 놀랄 만큼 많이 향상됐음은 물론입니다. 이 실험은 긍정적 기대와 관심의 힘을 알아볼 수 있는 대표적인 실험이 됐습니다.

로버드 로젠딜 교수는 동일한 유전자를 가진 실험용 쥐를 사시고도 실험을 진행했습니다. 실제로는 동일한 유전자를 가진 쥐였지만 세 그룹의 학생들에게는 지능에 따라 상, 중, 하로 구분해 나눴다고 설명해줬습니다. 그리고 각 그룹별 쥐에게 미로찾기 훈련을 시키도록 했습니다. 6주 후 미로 찾기에 성공한 시간을 비교해 보니 쥐의 지능이 높다고 설명한 그룹일수록 더 빨리 미로 찾기에 성공했습니다. 사실은 모두 동일한 지능을 가진 쥐였지만 똑똑한 쥐라고 믿고 훈련시킨 경우와 낮은 지능을 가진 쥐라고 믿고 훈련시킨 경우 각자 다른 기대 및 다른 노력을 기울였기 때문에 이와 같은 결과가 나온 것입니다. 1960년대에 시행된 이 실험으로부터 우리는 긍정적 기대에 대한 효과를 알고 있었지만 그것을 실질적으로 우리 아이들에게 적용하기까지는 무수한 노력이 필요합니다.

아이를 긍정적으로 보고 기대를 전해주고 싶어도 잘못하는 것만 눈에 띄고 다른 아이들보다 못하는 것만 보여서 도무지 아이를 긍정적으로 보기가 어렵다고 말합니다. 혹은 비난하고 싶은 마음을 꾹 참고 "그래, 괜찮아. 앞으로는 잘할 수 있을 거야"라고 했다는 말을 자랑스럽게 하기도 합니다. 속으로는 답답하고 한심하지만 말만이라도 이렇게 긍정적 기대를 전달해주는 것은 어떤 효과가 있을까요?

로버트 로젠탈 교수는 이것을 알아보기 위해 또 다른 실험을 진행했습니다. 선생님이 어떤 학생에 대해 평가하는 화면을 녹화한 비디오를 학생들에게 보여줬습니다. 단 영상의 소리는 제거돼 화면만 보이는 것이었습니다. 그러나 불과 10초도 지나지 않아 학생들은 선생님이 긍정적으로 평가하는지 부정적으로 평가하는지 거의 정확히 맞힐 수 있었습니다. 이를 통해 상대방에 대한 기대는 꼭 말이 아니라 눈빛, 손짓 등 비언어적 요소로도 전해질 수 있다는 사실을 증명한 것입니다.

실제로 우리나라의 많은 연구논문에서도 이와 같은 결과를 나타내고 있습니다. 부모가 아이에 대해 학업적인 기대를 할수록 아이들의 학업 성취는 상승했습니다. 부모가 아이에게 긍정적 기대를 나타낼수록 아이는 자기효능감을 높게 지각하고 자기효능감이 높아서 학업 성취 역시 높게 나타난다는 것입니다. 한 연구에서는 부모의 기대와 교사의 기대 중 누구의 기대가 아이들에게 많은 영향을 미치는지에 대한 조사를 하기도 했습니다. 부모님들은 아이들의 유치원, 학교 선생님들이 아이들한테 미치는 영향력에 대해서도 많이 걱정합니다. 그래서 학기 초가 되면 우리 아이가 어떤 선생님을 만날지 촉각이 곤두서기도 합니다. 하지만 연구결과 부모님의 기대 수준이 교사의 기대보다 약 2배 정도 많이 학업 성취에 영향을 미치는 것으로 나타났습니다. 결국 아이들의 학업에 교사보다는 부모님의 역할이 더 중요하다는 것입니다.

세계적인 기업 GE의 전 회장인 잭 웰치의 일화는 부모님의 긍정적 기대가 아이에게 미치는 영향이 얼마나 큰지를 보여주는 예시입니다. 그는 어린 시절 말을 심하게 더듬어서 많은 놀림을 받았습니다. 하지만 어머니는 그에게 "네가 말을 더듬는 것은 생각의 속도가 빨라서야. 그 속도를 입이 따라갈 수 없어서 그런 거니 너무 걱정할 필요 없어. 너는 나중에 훌륭한 사람이 될 거야"라며 격려의 말을 아끼지 않으셨다고 합니다.

부모님이 교사보다 아이의 성장에 중요한 영향력을 미치는 것은 분명하지만 그렇다고 교사의 영향력이 중요하지 않다는 것은 아닙니다. 부모님과 교사는 각자 독립적으로 아이의 학업 성취에 영향을 미치는 것이 아니라 서로 연관성을 맺으며 영향을 미치고 있습니다.

'불량소녀 너를 응원해'라는 영화가 있습니다. 이는 일본에서 실제 있었던 이야기를 영화화한 것으로 부모와 교사의 기대와 격려가 한 학생을 변화시켜가는 과정을 그린 것입니다. 주인공 소녀는 공부는 전교 꼴찌입니다. 공부에는 흥미도 없던 소녀지만 어머니와 선생님의 격려로 명문 게이오 대학에 입학하게 된 스토리입니다. 사람을 변화시키는 것은 결국 주변의 사람입니다. 아이들은 공부뿐 아니라 상대가 나에 대해 가진 기대에 맞게 행동하려고 노력합니다. "이 장난꾸러기 녀석아"라고 한다면 아이는 장난꾸러기에 맞는 역할을 할 것이고 "우리 귀염둥이"라고 한다면 아이는 귀엽게 보이려고 노력할 것입니다.

　여기에서 중요한 포인트가 있습니다. 부모님이 아이에게 무한 긍정 기대를 심어주려 노력하면 아이는 자신이 생각하는 능력 이상의 것을 요구하는 부모님의 모습을 볼 수 있습니다. 어린 시절에는 부모의 기대가 아이를 성장시키는 데 도움을 줄 수 있지만 아이가 점점 커가면서 부모님의 마음을 읽을 수 있게 되면 아이는 자신의 능력과 부모님의 기대 사이에서 갈등합니다. 나는 이 정도 수준인 것 같은데 우리 부모님은 그보다 더 잘할 수 있다고 하니 기대에 부합하지 못한다고 느껴 자존감이 하락하는 결과를 가져오는 것입니다.

　부모님들도 아이가 어릴 때는 아이의 무한한 가능성에 대해서 큰 기대를 하며 작은 발전 하나에도 커다란 긍정의 태도를 보여줍니다. '혹시 우리 아이가 천재가 아닌가?' 하는 생각도 합니다. 그리고 다음 발달을 기대합니다. 아이는 그 기대에 맞춰 부단히 노력하고 또 한 단계의 발달을 이뤄냅니다. 아이의 성장이 이뤄질수록 부모님의 아이에 대한 콩깍지가 점점 벗겨지며 아이를 좀 더 객관적으로 볼 수 있는 눈이 생깁니다. 자연스럽게 아이에 대한 기대의 수준을 맞춰 가는 것입니다. 그것이 바로 적정한 수준의 긍정적 기대입니다. 여전히 아이에 대한 객관적 수준을 무시한 채 부모님의 기대 수준에 아이를 맞추려고 하면 아이는 기대에 부합하지 못하는 자신에 대해 무력감을 느낄 것이고 부모님은 "난 못해"라며 자신감 없어 하는 아이가 한없이 답답하게 느껴질 것입니다. 그래서 아이에 대한 긍정적 기대의 전제는 아이의 능력을 바탕으로 합리석인 기대를 할 때 학습에 능성석인 효과가 있습니다.

아이들의 놀이에는 그 아이의 세상이 다 들어 있습니다. 부모님이 그 세상을 이해하고 그에 맞는 기대를 표현해주십시오. 그러면 아이들은 자신이 가고자 하는 목표와 부모님의 기대가 일치함에 큰 자신감을 나타내고 기대에 맞는 성취를 하고자 더 큰 노력을 기울일 것입니다.

〈성취를 향한 놀이 상황〉
아이: *엄마, 선생님 놀이해요!*
엄마: *선생님 놀이를 할 거구나. 그래~.*

아이: *(칠판에 앞에 두고)* 수학시간입니다.

엄마: 네.

아이: 더하기 빼기를 할 거예요.

엄마: 네.

아이: 여기 사탕이 10개 있어요. 그런데 친구 3명이 와서 사탕을 나눠 먹자고 했어요. 그래서 친구들한테 사탕을 한 개씩 줬어요. 이제 사탕이 몇 개 남았을까요?

엄마: 음⋯. 10개가 있었는데 친구들한테 나눠줬구나. 친구가 3명이니까 3개 나눠줬겠네.

아이: 그렇죠. 그러니까 10 빼기 3하면 되니까 7이에요!

엄마: 오호! 정말 그렇네. 네가 순식간에 계산을 마쳤구나.

→ 엄마는 아이가 계산해서 끼어들 수 있도록 머뭇거리며 충분한 시간을 줬습니다. 아이가 수학놀이에서 잘난척할 기회를 제공해준 것입니다. 아이는 빠르고 정확하게 계산 마친 자신이 자랑스럽겠죠. 엄마가 계산을 잘한다는 긍정적 기대를 아이에게 표현해줬습니다.

아이: 엄마! 그러면 내가 이번엔 엄청 어려운 문제 낼게. 엄마가 빨리 맞춰봐.

엄마: 그래. 단단히 준비하고 있어야겠다.

아이: 10 더하기 10 더하기 10 더하기 10 더하기 10 더하기는?

엄마: 아…. 10을 계속 더했구나. 10 더하기 10 하면 20이고, 또 10을 더하면 30이고….

아이: 엄마 50이잖아요~~ (손가락으로 꼽아가며) 십십십십십하면 50!

엄마: 아하, 그렇게 더하면 빠르게 할 수 있구나.

-〉 이번에도 아이가 답할 수 있는 시간적 여유를 줬습니다. 아이는 한층 우쭐해졌습니다.

아이: 엄마, 이제 바꿔서 엄마가 문제 내봐요. 내가 빨리 정확하게 맞춰 볼게요.

엄마: 그래. 이번에는 학생과 선생님이 바뀌었네.

아이: 네~ 빨리 내봐요.

엄마: 그럼 2 더하기 3은 무엇일까요?

아이: 5! 이거 완전 쉬운데요. 더 어려운 거 내봐요!

엄마: 네가 계산을 무척 잘하네. 엄마가 더 어려운 거 내야겠다. 음…. 10 더하기 7은 무엇일까요?

아이: 아이~ 17이잖아요.

-〉 아이는 수학수업 놀이를 하면서 수학적 자신감은 물론 더 어려운 것에 도전하고 싶은 욕구를 느끼게 됩니다.

엄마: 우리 00가 너무 잘해서 진짜 진짜 어려운 거 내야겠다. 00이가 슈퍼에서 사과를 4개 사고, 귤은 5개 사고, 배는 6개 샀습니다. 00이가 슈퍼에서 산 과일은 모두 몇 개일까요?

아이: *(손가락을 이용해가며 숫자를 꼽아 봅니다. 약간의 시간을 들인 후) 15개입니다!*

엄마: *우아, 여러 개 합친 것도 쉽게 해냈구나. 학생은 수학을 매우 잘하고 있네요. 훌륭합니다.*

아이: *네~ 선생님! 전 수학을 잘해요.*

이 놀이에서 아이는 부모님의 격려와 기대로 수학에 대한 자신감을 확보했습니다. 간단하고 일상적인 놀이이지만 스스로 잘할 수 있다는 생각을 하게 된 아이는 어려움에 당면하더라도 해결할 힘을 발휘할 수 있습니다. 아이는 당연히 수학이라는 과목에 대한 학습 자존감을 높게 세울 수 있었습니다.

8

부모의 감정조절은
아이의 몰입도와 사고의 유연성을 키운다

'저도 사람인지라 화를 안 내려고 해도 안 낼 수가 없더라고요'
아이를 키우는 부모님이 상담실에서 많이 하는 말 중 하나입니다.
아이를 키우면서 항상 즐겁고 행복하면 좋으련만 아이를 키우는
과정은 흡사 인고의 과정처럼 답답하고 화가 나는 일들이 참 많이
있습니다. 내 뜻대로 해결되지 않는 상황들은 더욱 많습니다. 하지
만 뒤집어 생각해 보면 이야기는 조금 달라집니다.

폴 맥린이라는 뇌 과학자는 사람의 뇌를 세 개의 층으로 구분
해 설명했습니다. 가장 안쪽에 있는 뇌를 흔히 파충류의 뇌라고 부
릅니다. 파충류의 뇌는 생명을 유지하는 일을 합니다. 숨 쉬고, 잠
자고, 심장이 뛰고, 호흡하고, 체온조절 같은 것들이 모두 이 파충

류의 뇌에서 이뤄집니다. 생존과 밀접한 관련이 있어서 갓난아기도 이 파충류의 뇌는 거의 완성된 상태로 태어납니다. 파충류의 뇌 바깥쪽에 있는 뇌는 포유류의 뇌입니다. 포유류의 뇌는 감정, 성욕, 식욕, 기억 등을 느끼는 뇌입니다. 아이가 강아지를 좋아하고, 아저씨를 무서워하고 슬퍼서 울고, 화나서 소리 지르고 하는 일련의 감정을 다루는 모든 일을 포유류의 뇌가 담당합니다. 포유류의 뇌는 유년기에 활성화되기 시작해 사춘기 때 완성됩니다. 사춘기 아이들의 급격한 감정의 변화를 겪는 것은 바로 포유류의 뇌가 활성화돼 있기 때문입니다. 가장 바깥쪽에 있는 영장류의 뇌는 사람이 동물과 다름을 나타내주는 부분입니다. 말과 글을 배우고 사용하며, 생각과 판단을 하고 우선순위를 매기고, 계획을 세우며, 감정을 조절하고, 충동을 조절하는 역할을 합니다. 우리가 흔히 이야기하는 전두엽이 바로 영장류의 뇌 부분입니다. 아이들은 아직 영장류의 뇌가 충분히 발달하지 못했기 때문에 수업시간에 옆 친구랑 떠들고 싶은 마음을 조절하지 못하고, 학교 다녀와서 30분 쉬다가 학원에 가야 하는 일과를 잊어버리기도 하며, 친구와 이야기하다가 싸움으로 번지는 일도 빈번하게 발생할 수 있습니다. 영장류의 뇌는 평균 27세쯤 돼야 완성됩니다.

이제 다시 부모님들이 말하는 '사람이기 때문에 화가 난다'라는 말로 돌아가 보겠습니다. 포유류의 뇌가 작동하면서 감정을 느끼게 됩니다. 아이를 키우면서 우리는 수많은 감정을 느낍니다. 그

중 하나가 '화'입니다. 대부분 부모님이 27세 이상 됐으리라 생각됩니다. 그러면 우리의 뇌는 영장류의 뇌도 거의 완성된 상태입니다. 감정을 조절할 수 있는 고등한 능력입니다. 고등한 영장류의 뇌를 가동하면 화를 조절해 아이에게 전달하고자 하는 메시지를 좀 더 명확하게 이해시킬 수 있습니다. 대부분 부모님은 영장류의 뇌를 가동해 아이를 대할 수 있습니다. 하지만 우리의 뇌가 포유류의 뇌에 많은 에너지를 쓰고 있을 때, 즉 감정에 지나치게 몰입돼 있을 때는 영장류의 뇌를 사용할 에너지까지 남아 있지 않습니다. 그때 폭발적인 분노나 화가 나타날 수 있는 것입니다. 우리가 사람이기 때문에 화가 나는 것이 아니라 그 순간은 사람이 아니라서 화를 내게 되는 것입니다.

어떤 순간에 내 감정에 지나치게 몰두해 스스로 조절할 힘을 잃어버리게 되는 걸까요? 부모님의 성격적 불안정성이 가장 큰 요인입니다. 최근에 큰 스트레스 사건이 있었다거나 가족이나 배우자에 대한 불만이 원인이 될 수도 있습니다. 현재 신체적, 정신적, 경제적 어려움을 겪고 있기 때문일 수도 있습니다. 더 깊이 들어가면 부모님의 성장 과정에서 성격적 취약성을 찾아볼 수도 있습니다. 이러한 불안정성은 나와 밀접하지만 상대적으로 힘은 약한 대상에게 향합니다. 바로 내 아이입니다. 부모님의 폭발적 감정을 여러 차례 맞은 아이는 자신의 행동에 대해 길을 잃게 됩니다.

부모의 감정에 따라 달라진 태도

어제는 물을 흘렸을 때 엄마가 "닦으면 돼"라고 했는데 오늘은 물을 흘리자 "너는 도대체 왜 이렇게 물을 흘리니! 내가 네 뒤치다 꺼리 하다가 하루가 다 가!'라며 화를 냅니다. 아직 사고할 수 있는 뇌가 충분히 발달하지 못한 아이는 엄마의 화가 무서워 울음을 쏟아냅니다. 아이의 우는 소리에 더욱 화가 난 엄마는 "아니, 물을 흘렸으면 빨리 닦을 생각을 해야지 왜 그러고 울고 있는 거야!"라면서 울고 있는 아이를 밀치고 물을 닦아 냅니다.

이 상황에서 아이는 어떤 걸 배울 수 있었을까요? 물을 흘리는 실수를 하면 안 되겠다? 물을 흘리면 빨리 닦아야겠다? 엄마가 화낼 때 울면 안 된다? 아이는 무척 헷갈릴 것입니다. 엄마가 원하는 바가 무엇인지도 모르겠고 자신이 해야 할 행동이 무엇인지도 모를 것입니다. 똑같은 물을 흘리는 사건이 발생했지만, 엄마는 어떠한 감정 때문에 하루는 물을 흘리는 게 괜찮았고 하루는 매우 짜증이 난 것입니다.

부모님의 이러한 태도를 우리는 비 일관적인 양육 태도라고 합니다. 각 가정의 문화와 상황에 따라 부모님이 수용할 수 있는 것과 절대로 수용할 수 없는 것이 있습니다. 예를 들면 "밥 먹고 난 후에 이는 꼭 닦아야 해", "밥을 먹고 그릇은 꼭 설거지통에 넣어 놔야 해", "장난감은 한 번에 하나씩만 꺼내 놀아야 해", "목욕은 매일 해야 해", "장난감을 던지면 안 돼" 같은 것들입니다. '반드시 ~해야 한다'는 가족 안의 규칙입니다. 때와 장소, 상황에 따라서 자주 바뀌게 되는 것이 비 일관적인 부모님의 태도입니다. 위에서처럼 부모님이 감정적으로 흔들릴 때 비 일관적인 태도를 보일 수 있습니다. 이런 환경에서 자란 아이는 생각하고 판단할 수 있는 영장류의 뇌로 발달하는 데 어려움을 겪게 됩니다. 혼날까 봐 또는 무서워서 사고를 유연하게 사용하지 못하고 경직돼 있음은 물론입니다.

부모의 서로 다른 양육관

주말에 아이와 마트에 간 부모님은 아이들의 장난감 판매대에서 발이 묶이고 맙니다. "엄마 아빠, 나 이거 사주세요"라면서 장난감을 사달라고 조릅니다. 그때 엄마는 "안 돼. 오늘은 저녁 먹거리 사러 온 거지 장난감 사러 온 거 아니야'라면서 장난감을 사주지 않겠다고 합니다. 하지만 오랜만에 아이와 마트에 온 아빠는 아이에게 점수를 따고 싶은 생각이 간절했습니다. "이거 얼마 하지도 않는데 하나 사주면 되지. 뭘 그렇게 딱 잘라 얘기를 해"라며 아빠는 아이의 편을 들었습니다. 그러자 엄마는 "아니~ 그렇게 마트 올 때마다 사달라는 거 다 사 주면 내가 애랑 마트 오기가 얼마나 힘든지 알아요? 자기는 한 번 사주면 땡이지만 난 매일 애랑 씨름해야 한다고요"라면서 승강이를 벌이는 상황이 됐습니다. 아빠도 질세라 "당신이 맨날 그렇게 팍팍하게 구니까 애가 더 떼를 쓰는 거야. 이럴 때도 있어야지 원!" 하고 말합니다.

부부의 양육관이 다른 경우 아이는 엄마와 아빠 사이에서 혼란을 느낍니다. 누구의 말이 맞는 것인지 나는 누구 말을 따를 것인지 상황에 따라 순간에 따라 달라지는 것입니다. 아이 스스로 생각하고 판단할 힘을 잃어버리게 되는 셈입니다. 자신만의 주관보다는 그저 상황에 맞춰 눈에 보이는 것만 획득하려는 모습을 보이게 됩니다.

다른 사람이 보니까 달라진 태도

집에서 혼자 노는 아이가 심심하다고 졸라 친구를 초대했습니다. 친구는 엄마 손을 잡고 집에 놀러 왔습니다. 신이 난 아이는 장난감을 꺼내 친구에게 보여주고 작동하는 법도 가르쳐 줍니다. 하나둘 꺼내지는 장난감을 보자 치울 생각에 머리가 아파진 엄마는 "다 놀았으면 넣어 놓고 다른 거 꺼내야지"라고 이야기합니다. 아이는 "아니야~ 이거 다 필요해"라며 장난감을 더 어질러 놓습니다. 친구 엄마까지 있는데 장난감을 하나씩만 꺼내면서 놀라고 하면 너무 까다로운 엄마처럼 보일까 봐 차마 아이한테 큰 소리를 내기도 어렵습니다. 조용히 아이한테 가서 "이렇게 다 어지르면 친구 가고 나서 네가 다 치워야 해"라고 협박성 멘트를 던지고 걱정스러운 눈빛으로 아이들 노는 모습을 지켜봅니다.

아이들의 물건이 많아진 요즘 부모님은 매일매일 아이들이 어질러 놓은 책이며 장난감들을 치우는 데 힘이 들 것입니다. 그러다 보니 아이에게 '하나씩 꺼내서 놀아라. 놀고 정리해라' 등을 요구하게 됩니다. 하지만 집에 친구가 놀러 온 상황에서는 평상시와 같이 그런 것들을 요구하기가 어려워집니다. 노는 걸 못하게 하는 행동 같기도 하고 친구 엄마가 보기에 자신이 너그럽지 않은 엄마처럼 보일까 걱정이 되기도 합니다. 그러다 보니 상황에 따라 엄마의 태도는 달라지는 것입니다. 아이는 엄마의 태도 변화를 느낍니다. '나 혼자 놀 때보다 친구랑 놀 때 우리 엄마는 훨씬 너그럽구나'라고 생각해서 놀 때마다 친구를 데려오겠다고 합니다. 상황에 따라 아이는 눈치를 보며 자신에게 유리한 방향을 따져보게 됩니다.

첫째 아이와 둘째 아이를 대하는 태도

아이가 원하는 장난감을 사주기로 약속한 엄마는 아이들과 함께 마트에 갑니다. 마트에 가서 보니 인터넷 판매가가 훨씬 저렴해 아이들에게 이야기합니다. "얘들아 이거 인터넷에서 사면 더 싼데, 오늘 엄마가 주문해 줄게. 택배 아저씨가 갖다 줄 때까지 기다리자!" 그러자 첫째 아이가 "엄마가 오늘 사준다고 했잖아. 오늘 사줘!"라면서 '오늘'을 강조합니다. 엄마가 다시 한 번 친절하게 설명합니다. "오늘 주문하면 내일이나 모레 택배 아저씨가 갖다 줄 거야. 마트에서 사면 너무 비싸잖아" 다시금 설명해도 아이는 요지부동입니다. "엄마가 약속했잖아. 약속은 지켜야 하는 거잖아"라면서 자기주장을 펼칩니다. 이 상황을 유심히 보고 있던 둘째 아이가 말합니다. "엄마! 저는 택배 아저씨 기다릴 수 있어요"라고 말입니다.

268

첫째 아이와 신경전을 벌이던 엄마가 둘째를 바라보며 미소 짓는 상황이 그려지시나요? '엄마도 엄마가 처음이야'라는 말이 처음 아이를 키우는 부모님들에게 큰 위로가 됐었습니다. 부모도 실수할 수 있다는 것을 이해받는 것 같았기 때문입니다. 우리도 부모 역할이 익숙해지기까지 여러 상황을 겪고 여러 방법을 사용해 보며 부모 역할에 적응해 나갑니다. 부모 역할이 처음이다 보니 우리는 첫아이를 대하는 수용의 폭이 유난히 좁을 수밖에 없습니다. 아이를 잘 키우고 잘 가르치고자 하는 의욕 때문에 아이의 실수도 실패도 어려움도 인정하기가 어렵습니다. 반면 둘째로 내려가면 첫아이를 키울 때와는 다르게 너그러운 모습을 자주 보입니다. '괜찮아. 저러다 말겠지', '원래 저 때는 저래', '애들이 다 그렇지 뭐'라면서 말입니다. 부모님이 아이를 대하는 모습이 워낙 수용적이다 보니 아이도 여러 가지 상황을 유연하게 받아들이는 능력이 발달합니다. 첫째 아이들이 고지식하게 반응하는 것과는 대조적입니다.

부모님들이 비 일관적인 태도를 보이는 경우들을 살펴봤습니다. 부모님의 감정에 따라 상황에 따라 각기 다른 양육관에 따라 서열에 따라 부모님의 태도는 변화합니다. 부모님의 비 일관적인 태도를 경험하며 자라나는 아이들은 부모님 눈치를 살피느라 뭔가에 몰두할 기회가 제한됩니다. '오늘은 엄마 기분이 어떻지?', '이런 상황에선 내가 어떻게 해야 안 혼나지?', '이 놀이 하다가 엄마한테 혼나는 거 아니야?'라는 생각들이 머릿속을 떠다니기 때문에 몰입도가 낮아질 수밖에 없습니다. 충분히 그 속에 빠져 탐구해봐야 호기심도 늘어나고 창의력도 발달할 수 있는데 눈치를 살피느라 그러지를 못하는 것입니다. 어느 장단에 맞춰야 할지 모르는 상황에서 아이는 지식이나 사고의 융통성을 발휘하기도 어렵습니다.

　비 일관적인 부모님의 태도가 아이를 키우는 데 가장 주의해야 할 행동입니다. 안전한 기반 위에서 성장해야 하는 아이들을 롤러코스터 위에 태워 놓은 것이나 다름없기 때문입니다. 특히 뇌가 충분히 발달하지 못한 어린아이들의 경우 더욱 심각한 어려움을 나타낼 수 있습니다. 최근엔 맞벌이 부부의 양육적 어려움에 의해 보모가 아이를 보는 경우가 많이 있습니다. 베이비시터의 양육관과 부모님의 양육관이 차이를 보이는 경우 아이는 큰 혼란을 경험할 수 있습니다. 일상적으로 바쁘고 감정적으로 힘든 일도 많은 상황에서는 부모님들도 아이를 항상 일관되게 대해주는 게 어렵습니다. 회사에서 지친 몸을 이끌고 집에 들어 왔는데 아이는 평상시와 다름없이 엄마한테 매달려 놀아달라고 요구합니다. 여느 때 같으면 "그래그래 놀자"라고 했겠지만 엄마 몸이 천근만근인 상황에서 이처럼 고등한 뇌의 능력을 보여주기가 어렵습니다. 이때 부모님들이 가장 손쉽게 일관적 태도를 보여줄 수 있는 상황이 위에서 안내한 아이와의 30분 놀이입니다.

〈일관적 놀이 상황〉

제일 먼저 아이와 구조화된 상황을 만듭니다. "몇 시부터 몇 시까지 놀 거야"라고 정해 놓고 놀이를 시작하는 것입니다. 엄마는 힘든 상황이지만 정해진 시간이 있어서 좀 더 애써 볼 수 있는 여지가 생깁니다. 아이는 로봇들을 가져와 놀기 시작합니다. 로봇들이 서로 치고받고 싸우는 형태의 놀이입니다.

아이: *받아라~ 얍! 으악. 퍽퍽!*

엄마: *싸우는 놀이구나.*

아이: *이얍~ 퍽! (로봇 하나를 던져버립니다.)*

엄마: *이 로봇이 저 로봇을 날려버린 거구나. 그런데 싸움놀이는 할 수 있지만, 장난감을 일부러 던져버릴 수는 없어. 장난감이 부서지면 다음에 또 놀 수 없거든. 네가 날려버린 거로 생각하고 저쪽에다 갖다 놓을 수는 있어.*

　→ *여기서 엄마는 평소에 물건을 집어 던지면 안 된다는 것을 놀이 상황에서도 일관되게 가르쳐 주고 있습니다. 아이는 놀이라는 상황 자체가 수용적이기 때문에 엄마의 이야기도 수용적으로 받아들일 수 있는 여유가 있습니다.*

아이: *그럼 쓩 하고 날아서 저기에 떨어졌어. (아이가 직접 로봇을 멀리 갖다 놓는다.)*

엄마: *그래, 그런 방법으로 하면 좋겠다.*

아이: *(계속해서 싸움 놀이 중) 엄마, 이제 우리 진짜로 싸워보자. (칼을 두 개 가져와 엄마에게 하나는 건네준다.)*

엄마: *칼싸움이구나. 엄마랑 칼싸움 놀이할 수 있는데 그 전에 기억해야 할 것이 있어.*

아이: *사람을 때리는 놀이는 하면 안 된다!*

엄마: *잘 기억하고 있었네.*

→ 엄마는 평상시에도 아이에게 사람을 때리는 건 할 수 없다는 일관적인 가르침을 주고 있었습니다. 엄마가 가르치고자 하는 바가 무엇인지 정확히 전달했기 때문에 아이는 명확하게 그것을 인지하고 있습니다.

아이: *네~ 이제 해요.*

평상시에는 상황이나 환경에 따라 일관적 태도를 유지해 아이를 가르치는 일이 어려울 수 있습니다. 하지만 이런 질적인 놀이시간에는 부모님과 아이가 적극적으로 상호작용하면서 일관적인 태도를 보여주기에 가장 적절한 순간입니다. 이러한 놀이의 경험 속에서 아이는 부모님의 일관된 태도를 느끼고 학습하며 발달할 수 있는 것입니다.

9

디지털 미디어로
우리 아이 뇌를 성장시킨다

디지털 미디어와 가까워진 아이들

내 손안의 인터넷, 스마트폰이 우리 생활에 들어온 지 10여 년의 시간이 흘렀습니다. 갑작스러운 인터넷 세계와의 연결은 우리의 삶에도 큰 변화를 가져오기에 충분했습니다. 아이를 키우는 부모님에게는 디지털이 새로운 보모 역할을 해주기도 했습니다. 디지털이 우리 생활 속으로 들어오는 속도는 그전에 TV나 인터넷이 들어오는 것과는 비교도 할 수 없을 만큼 빨랐습니다. 우리가 스스로 옳고 그름을 판단해 받아들일 수 있는 여유가 주어지지 않았죠. 디지털의 장단점이 연구돼 발표되기 시작한 지는 얼마 되지 않았고 지금도 계속 진행 중입니다. 의학계, 사회과학계, 심리학계 등 각기 자신의 논리에 맞는 의견을 내놓고 있으나 상반된 결과를 나타내기도 합니다.

디지털이 우리 생활에 밀접하게 들어왔고 아주 어린 아기에서부터 연세 지긋하신 어르신들까지 모두 손에 네모난 것들을 들고 다니게 됐습니다. 섣시도 못하는 아기가 유모차에서 동영상을 보고 있는 모습은 이제 일상이 됐습니다. 식당 같은 공공장소에서 아이들의 민폐를 막기 위해 스마트폰을 쥐여주는 일도 당연시됐습니다. 청소년의 경우엔 삼삼오오 모여서 함께 스마트폰 게임을 하기도 하고, 그룹 채팅방에 포함돼 대화를 하기도 합니다. 이런 또래 문화에 포함되지 못하면 불리한 입장에 처해지기도 합니다.

스마트폰이 중독과 자기 조절의 어려움이 있다는 보고들이 계속 나오면서 아이들을 그 늪에서 꺼내주고 싶은 부모님의 마음이 커지고 있지만, 실질적으로 부모님의 편안함, 아이들의 요구에 버티기 어려움, 아이들의 문화적 소외감, 사회적으로 스마트폰이 없으면 불편해지는 상황들이 대립하며 부모님들이 어느 편에서 어떻게 행동해야 할지에 대해서 어려움을 겪고 계실 것입니다. 게다가 4차 혁명과 관련한 기술의 발전을 받아들이지 않는 것은 도태되는 결과를 가져오지 않을까 하는 우려도 있을 것입니다. 전자책이나 학습용 소프트웨어, 전자교과서들도 지속해서 보급돼가고 있으니 말입니다. 우리 생활 속으로 급격하게 들어오고 있는 디지털 미디어에 대해 많은 정보를 알아야 부모님이 아이들을 키우면서 그것을 효율적으로 활용 또는 제한할 수 있습니다.

디지털 미디어의 장점에 대해서 알아볼까요? 4차 산업혁명과 맞물려 디지털 미디어는 필수 불가결의 매체입니다. 디지털 미디어는 원하는 정보를 그 자리에서 찾아낼 수 있습니다. 과거에는 정보를 얻기 위해서 누군가에게 묻거나 책이나 정보지들을 뒤져야 하는 수고로움이 필요했습니다. 하지만 이젠 손가락 터치 몇 번만으로도 내가 원하는 정보는 물론 타인의 견해나 의견까지 섭렵할 수 있는 장이 열리게 된 것입니다. 물리적으로 떨어진 사람과의 소통도 원활하게 할 수 있습니다. SNS의 발전은 사람과 소통에 혁명을 나타냈습니다. 이제는 물리적인 거리는 중요하지 않게 됐습니다. 나와 친한 친구는 물론이고 유명인사나 연예인들의 이야기까지도 친밀감 있게 접할 수 있게 됐습니다. 청소년의 경우 좋아하는 연예인의 SNS를 보면서 매우 가깝게 느끼는 감정을 나타내는 것입니다. 아이들이 이제 TV는 보지 않고 유튜브를 시청한다고 할 정도로 유튜브의 힘도 막강합니다. 아이들의 미래 희망직업으로 크리에이터가 등장한 것 역시 이러한 시대상을 반영합니다. 아이들은 무작위적으로 주어지는 지식만을 받아들이는 것이 아니라 능동적인 학습자로서 자신이 필요한 정보를 찾아 사용합니다. 정보를 수집해 나만의 정보로 만들어 가는 과정을 기록하면 사람들의 관심과 인정을 받을 수도 있습니다. 그 과정에서 경제적인 효과를 얻기도 합니다.

　게임은 어떨까요? 뇌과학자들은 게임이 뇌를 나쁘게 한다고만은 말할 수 없다고 합니다. 아이들은 화면에 나타난 물체의 움직임을 순간적으로 계산하고 게임 플레이어나 컨트롤을 손가락으로 조작해서 게임을 진행합니다. 즉, 시각 청각 정보를 통해 판단하고 손가락을 움직이는 것입니다. 화면에 니오는 정보를 순식간에 판단하고, 동시에 손가락도 움직이는 최적의 명령을 뇌가 보내는 것입니다. 연구에 의하면 만7세부터 22세까지 전 연령대에서 게임을 하면 신호가 주어진 위치에서 주의를 더 잘 집중시킬 수 있다고 합니다. 게임을 하면 좀 더 넓은 시야에 주목하고 방해 자극이 있는 배경에서 표적을 탐지하거나 시각적 유입의 흐름을 신속하게 처리하는 능력을 개발시키게 되는 것입니다. 결국, 이러한 게임들이 아이들의 뇌의 반응속도와 실행기능, 시각적 주의력을 자연스럽게 길러줍니다.

　학교나 학원에 보급되는 교육용 소프트웨어도 역시 디지털 미디어의 발달로 이뤄진 것입니다. 아이들은 시청각적으로 우수한 콘텐츠들로 수업받을 수 있습니다. 아이들의 학습 효율성을 높이기 위한 수단으로 사용할 수 있어서 교사의 자질이나 능력과는 별개로 학습 자체에 매진할 기회가 제공되기도 합니다. 부모님이 아이들을 쉽게 다룰 수도 있습니다. "이거 끝내면 스마트폰 30분 사용할 수 있게 해줄게", "자 조용히 하고 이거 보면서 앉아 있어", "이거 줄 테니까 뚝 그쳐" 등등 아이들에게 보상으로 스마트폰을 사용하거나 아이를 조용히 시키고 말을 듣게 하려는 목적으로도 매우 유용하게 사용됩니다. 그것의 긍정 또는 부정적 측면을 논하기에 앞서 현실에서 아이들을 양육하는 데에 편리함을 가져온 것만은 확실한 것 같습니다. 몇 가지 장점들을 제시했지만 사실 스마트폰에 대해서는 아직 부정적 견해가 더욱 우세합니다. 특히 아이들의 스마트폰 사용에 대해서는 더더욱 그렇습니다.

미국 소아청소년과 학회에서는 24개월 이하 유아의 디지털 미디어 사용을 피하라고 권고하고 있습니다. 유아 시기에 아이는 자신의 의지에 따라 주의를 전환하는 것에 어려움이 있습니다. 자극에 따라 움직입니다. 여기서 손뼉 치면 여기를 바라보고 저기에서 손뼉 치면 저기를 바라보는 아이를 보면 쉽게 알 수 있습니다. 디지털 미디어는 밝은 색깔과 빠른 화면 전환으로 아이들이 자발적으로 주의를 환기하는 것이 어려워지게 됩니다. 이렇게 성장한 아이는 자신의 인지적 노력을 기울여야 하는 활동, 즉 주의집중력을 요구하는 활동에 어려움을 겪게 됩니다. 3~4세 아이도 디지털의

277

미디어 사용의 영향으로 창의력이나 사고력을 저해 당할 수 있습니다. 한창 호기심 왕성한 아이들을 보십시오. "이건 뭐야?"를 입에 달고 살기도 하고 우리가 생각했을 때 불가능한 것을 실제로 실험해보려고 하기도 합니다. 실수와 실패투성이지만 아이는 현실에서 그런 것들을 경험해 나가며 세상에 관한 관심을 배워나가는 것입니다.

아이가 스스로 관심을 가지고 세상을 바라보며 탐구하기 전에 디지털 미디어의 수많은 정보는 아이들이 정보를 효율적으로 받아들여 활용하는 데 어려움을 줍니다. 이전 화면에서 본 정보의 의미 등을 파악하려다 보면 다음 화면을 놓치게 되기 때문에 영상을 보고 있는 동안 뇌는 정보의 의미 등을 파악하는 과정을 아예 생략하는 것입니다. 이런 일이 반복되면 아이의 뇌는 점점 새로운 정보를 능동적으로 받아들이지 않게 됩니다. 스스로 관심을 가지고 탐구하지 않는 아이들에게 있어서 학습이란 매우 어려운 걸림돌이 됩니다.

아이들이 어린이집이나 유치원에 다닐 4세부터 7세 정도엔 우뇌가 발달하는 시기입니다. 우뇌는 주로 정서적인 생각과 인지조절, 비언어적 기능을 담당합니다. 그즈음 아이들이 다른 사람의 표정이나 마음을 읽는 능력이 발달하는 것도 우뇌의 발달과 관련이 있습니다. 다른 사람의 마음 읽기가 가능해진 아이들은 비로소 상호작용이라는 것을 하며 사회성을 발달시킬 기틀을 마련하게 됩니다. 이때 뇌의 발달을 위해서는 정서적인 활동과 다양한 사회적 경험이 필요합니다. 하지만 영상기기의 반복적이고 자극적인 화면은 우뇌 발달을 저해할 수 있습니다. 아이는 다른 사람을 이해하고 공감하는 능력이 저하돼 자기중심적이 됩니다. 또한, 자신의 감정과 관련해 조절이나 표현에도 미숙해 사람과 대면해 말하길 꺼리고 전체적인 상황을 파악하기 어려워집니다. 상황파악을 잘 못 하게 되니 흔히 말하는 눈치 없는 아이로 자라나게 됩니다. 결국, 사회성 저하라는 결과를 가져오게 됩니다. 이 시기에 놀이는 정서의 조절과 사회성 발달의 측면에서 매우 중요하기 때문에 아이의 건강한 발달을 위해서는 디지털 미디어의 사용을 조절해야 합니다.

학령기 아이들에게 있어서 스마트폰은 학습에 큰 영향을 줍니다. 초등 저학년의 아이들은 정보를 분류, 통합하고 어떠한 사건을 순서화할 수 있는 능력이 생깁니다. 단, 구체적인 대상과의 행위에 대해서만 체계적으로 사고할 수 있습니다. 저학년 아이들에게 수 개념을 알려주기 위해 바둑알을 사용하는 것도 아이들의 발달을 고려한 학습방법입니다. 바둑알을 하나씩 옮겨보고 남은 개수를 세어보는 활동들이 체계적인 사고를 위한 하나의 방법입니다. 하지만 디지털 미디어는 실체화돼 있지 않습니다. 다른 사람이 하는 것을 맹목적으로 보는 것이기 때문에 초등 저학년의 아이는 이를 통해 본 것을 자기화해서 통합하기 어렵습니다.

초등 고학년에 이르면 추상적인 사고가 가능해집니다. 실체가 눈앞에 존재하지 않아도, 자신이 실체를 직접 만지거나 함께 소통하지 않아도 이해할 수 있는 세계가 열리는 것입니다. 추상적 사고의 발달로 아이들은 불합리한 부모님의 태도나 모순에 대해 알게 됩니다. 그것이 비록 협소한 관점에서 이뤄지긴 하지만요. 이때의 아이들은 부모님이 하는 말에 토를 답니다. 부모님이 아이의 의견을 듣고 논리적으로 충분히 서로 교환할 수 있는 장을 만든다면 아이의 추상적 사고 능력은 비약적인 발달을 이룰 것입니다. 하지만 디지털 미디어는 모든 것을 시각적으로 처리해 그 자리에서 보여주기 때문에 아이들이 머릿속에서 정리하고 해석해 자신만의 논리를 만드는 일을 어렵게 만듭니다. 자신의 논리가 없다 보니 디지털 미디어를 사용한 즉흥적이고 일회적인 정보만을 찾아 사용하게 됩니다. 이처럼 일회적으로 사용한 지식은 장기기억을 위한 기억 책략을 형성하지 못하고 자연스럽게 학습능력도 떨어지게 됩니다. 깊이 사고해 그것의 옳고 그름, 자신만의 주관을 찾아 실행하는 것들은 주체적인 한 개인으로 거듭나기 위한 발달 과정인데도 불구하고 디지털 미디어의 사용으로 그것이 원활히 이뤄지지 않는다면 사람은 하나의 주체가 아닌 디지털 미디어의 객체가 됩니다.

디지털 미디어는 아이들의 사회, 정서, 인지 모든 면에서 발달을 저해하는 요소로 작용하는 것처럼 비치지만 많은 연구에서 한결같이 주장하는 것은 우리가 부모로서 건강한 가정을 이뤄나갈 때 우리는 디지털 미디어의 단점보다는 장점을 더 잘 활용할 수 있다는 것입니다. 가정 안에서 아이와 나의 관계를 우선에 둔다면 그

외의 다른 결과들은 언제든지 변화할 수 있는 여지가 있는 것입니다. 디지털 미디어의 사용과 과몰입으로 인해 갈등을 겪는 가장 큰 이유는 학습을 방해하는 요소로 인식되기 때문입니다. 우리 부모님 세대가 생각하기에 디지털 미디어는 단순한 놀이고 그것은 공부하지 못하게 만들어 성적에 악영향을 줄 수 있다는 논리가 우세합니다. 아이들을 놀게 하는 것보다 공부를 시키는 게 훨씬 유익한 일이라고 믿기 때문입니다.

최근 한국콘텐츠 진흥원이 2,000명의 청소년을 대상으로 진행했던 연구 보고서를 발표했습니다. 과거에는 하교 후에 친구들이랑 몰려다니며 떡볶이도 사 먹고 같이 축구도 하고 수다도 떨던 그런 것들의 기능을 디지털 미디어가 하게 됐다는 것입니다. 놀이의 기능적인 변화가 이뤄졌고, 그것에 과몰입했을 때 성적이 떨어지는 결과는 사실입니다. 청소년기에 놀이와 학습의 균형을 찾지 못하고 한곳에 몰입하게 되면 나타나는 결과와 마찬가지입니다. 놀라운 건 이러한 것들이 시간이 지나면서 차츰 원래의 자리로 돌아온다는 결과였습니다. 자라나는 아이들의 경우 신체적으로도 심리적으로도 변화가 심한 시기다 보니 그 과정에서 디지털 미디어에 일시적으로 자극돼 부정적인 결과를 낳기도 합니다. 하지만 가정이 올바른 기능을 하고 있을 때 아이들은 다시 자신의 자리로 돌아올 수 있다는 것입니다. 디지털 미디어에 지나치게 몰입되고 스스로 그것을 통제하지 못하는 어려움이 발생하는데 이는 아이들이 스트레스를 받는

281

외부 환경에 노출돼 있을 때 특히 심하게 나타납니다.

영유아기부터 시작되는 아이의 학습에 대한 스트레스, 부모님의 일방적인 소통 방법, 자연스러운 놀이의 제한, 부모님의 과잉기대 등이 자기를 조절할 힘을 잃어버리게 하고 디지털 미디어에 급격하게 빠져들게 됩니다. 아이들도 스스로 스트레스를 벗어나고자 하는 노력의 하나로 그것을 사용하게 되기 때문이죠. 기질적으로 산만하고 충동적인 아이도 디지털 미디어에 빠져들 수 있습니다. 현실 세계에서는 얻을 수 없는 강한 자극들이 디지털 미디어에서는 끊임없이 나오기 때문입니다. 이 아이들은 디지털 미디어 사용에서 더욱 각별한 주의가 필요합니다. 어린 시절부터 부모님과의 놀이에서 현실적 교류의 폭을 늘려 스스로 조절할 힘을 먼저 키워주는 일이 필요합니다.

외로운 아이들에게도 디지털 미디어는 최고의 친구가 될 수 있습니다. 또래 사이에서 어려움을 겪거나 사회적인 관계에 대한 욕구는 있으나 그것을 건강하게 해결하지 못하는 경우 디지털미디어의 세계에 빠져들게 됩니다. 가정 안에서 부모님과 잘 소통하는 아이들은 다른 사회적인 상황에서도 크게 어려움 없이 소통할 수 있습니다. 가정에서 고립되거나 자기표현을 할 수 없는 환경에 놓인 아이들이 외부에서도 어려움을 나타내기 때문에 그 근본은 가정이라고 할 수 있는 것입니다. 아이들이 가정 안에서 안정감을 느끼고 부모님이 나와 소통할 수 있는 지지자라고 느낀다면 잠시 잠깐 디지털 미디어의 세계에 몰입된 아이들 역시 현실 속 자기의 자리로 돌아올 수 있습니다. 부모님들이 디지털 미디어의 홍수 속에서도 아이들을 건강하게 키워낼 수 있는 다음과 같은 방법이 있습니다.

첫째는 놀이를 통해서 현실 경험을 확대하는 것입니다. 영유아기부터 추상적인 사고 능력이 발달하는 10대 청소년 전까지 아이들은 실제 몸으로 놀고 실물을 만지고 보는 현실적 경험들이 중요합니다. 부모님이나 또래들과도 만나고 소통하며 발생한 문제를 해결하기도 하는 실제적인 경험들이 아이들의 건강한 발달을 이뤄낼 것입니다. 어린 시절에는 특히 부모님과 함께 하는 놀이와 활동이 중요합니다. 발달에서 긍정적인 측면이 있음은 물론이고 정서적인 유대감과 사람과의 소통에 대한 아이의 긍정적 인식을 가장 처음 알 수 있는 사람이 바로 부모님이기 때문입니다. 가족이 함께 하는 즐거운 경험을 많이 쌓아온 아이는 그것의 즐거움을 알고 있어서 디지털 미디어의 세계에 몰두하지 않을 것입니다. 최근엔 과거 즐거웠던 경험들이 디지털에 묻혀버리는 현실에 대한 반작용으로 아날로그의 회귀도 나타나고 있습니다. 어린 시절 아날로그식으로 살던 부모님 세대들이 과거에 대한 향수를 그리는 것입니다. 사람과 어울려 울고 웃던 즐거운 기억이 있는 우리는 그 기억으로 평생의 살아갈 힘을 얻곤 합니다. 우리 아이들에게도 머릿속에 그러한 기억을 남겨줘야 합니다.

둘째는 언제 디지털 미디어의 접촉을 허용할 것인가에 대한 부모님의 사전 합의가 이뤄져야 합니다. 아이가 부모님과의 애착 관계가 좋고 놀이 경험이 많으며 사이가 원만한지를 먼저 살펴보십시오. 아이가 스스로 규칙을 지킬 수 있을 만큼 성숙한 상태일 때 디지털 미디어도 효율적으로 사용할 수 있습니다.

셋째는 디지털 미디어의 사용을 보상처럼 사용하지 마십시오. 보상으로 활용하게 되면 아이는 강한 보상제의 효과로 지시나 수행과제를 잘 수행할 수 있습니다. 하지만 맛있는 사탕도 계속 먹다 보면 사탕보다 더 맛있는 것을 찾듯이 보상체계로 사용한 디지털 미디어의 사용량을 점점 늘려야 효과를 발휘할 수 있습니다. 더불어 외부적인 보상으로 한 일들은 자기 스스로 동기에 의해 일어난 일이 아니므로 보싱 자극이 없을 시 바로 소거됩니다. "숙제를 8시까지 마치면 30분 스마트폰을 사용하게 해줄게"라고 약속했다면 아이는 스마트폰 없이는 숙제하지 않으려고 할 것이고 추후엔 30분의 보상 시간에 만족하지 않게 됩니다.

넷째는 아이가 스마트폰을 사용하는 시간만 관리할 것이 아니라 무엇을 하는지도 점검해야 합니다. 단 10분을 하더라도 그 자극이 강렬하고 유해하다면 아이들의 머릿속에 각인되는 효과는 10시간을 이용한 것이나 다름없이 나타날 것입니다. 유아동의 경우 부모님의 관리하에 스마트폰을 사용하는 경우가 많지만, 초등학생만 돼도 무엇을 하는지 알 수 없는 경우가 많아서 아이들이 할 수 있는 콘텐츠 확인이 필요합니다.

다섯째는 사용에 대한 규칙이 필요합니다. 언제 어떻게 사용할 것이며 그것을 어겼을 때의 대안도 아이와 상의해 미리 준비해 놓는 것들이 이뤄져야 합니다. 아이가 "여기까지만 할게요. 하나만 더 보고요", "오늘 이거 잘했으니까 더 시켜주세요"라는 이야기를 할 때조차도 일관되게 태도를 보여주는 것들이 중요합니다.

여섯째는 디지털 미디어에 관한 연구가 지속해서 발표되고 있는 과정 중에 있으므로 그것의 장단점과 효율적인 활용방안들을 끊임없이 공부하는 부모님의 자세가 필요합니다. 새로운 변화에 적응할 가장 좋은 방법은 그것에 관한 깊은 탐구로 자신만의 철학을 갖는 것입니다. 아이에게 디지털 미디어를 허용할지 하지 않을지, 어떤 것을 콘텐츠는 유익하고 어떤 콘텐츠는 해로운지, 새로운 기술은 어떤 것들이 나와 있는지 공부하고 알아나가야 할 것입니다.

10

위험을 견디면
놀이가 자란다

부모님들이 놀이에 대해 걱정하는 것 중 하나가 안전과 위생입니다. 이런 부분들을 염려해 아이들을 밖에 나가지 못하게 합니다. 조금이라도 아이가 더러워지면 손을 닦고 옷을 갈아입게 합니다. 이렇게 자라난 아이들은 모래가 더럽다 인식하고 모래가 신발에 들어가는 느낌에 거부감을 느낍니다. 최근 모래놀이터가 위생과 관련해 없어지는 추세에 있지만, 아이들의 모래 놀이 자체를 원치 않는 부모님들의 의견도 한몫할 것입니다. 어떤 놀이를 하더라도 탐색시간이 충분해야 자연스러운 놀이가 나오게 되는데 우리 아이들에게는 더러움을 탐색할 수 있는 시간이 주어지지 않으니 모래 놀이터들이 점차 사라지고 있는 것입니다.

모래놀이터가 사라지는 이유 중 하나는 길고양이들의 배변 습관 때문입니다. 흙을 파서 묻어 놓은 고양이의 분변이 위생에 큰 악영향을 끼칠 것이라고 우려하는 것입니다. 이로써 모래놀이터는 사라지고 우레탄 소재의 놀이터가 점차 확대되고 있습니다. 구청에서는 모래놀이터에 대해 1년에 수차례씩 검사를 하지만 우리가 인식하는 것만큼 위생상태가 심각하지 않다고 합니다. 오히려 우레탄에서 발암물질이 나왔고 아이들이 놀다가 넘어져 열상을 입을 확률이 더 높지만, 부모님들은 청결이나 위생에서 우레탄이 더 좋다고 생각합니다. 모래를 파서 손톱 밑이 새까매지고 신발이나 옷에 모래를 묻혀와 집안에 흘리는 상황을 지켜볼 수 있는 부모가 있을까요? 더러움에 대한 부정적 인식으로 아이들이 놀 수 있는 공간이나 기회는 더 줄어들 수밖에 없습니다.

하지만 더러움도 놀이의 굉장한 소재가 될 수 있습니다. 예를 들어 빗물 고인 웅덩이에 아이들이 들어가 첨벙거리는 것도 좋은 놀이가 될 수 있습니다. 이렇게 하면 신발, 양말, 옷이 더러워지는 것은 물론이고 흙탕물이 아이의 피부에 묻어 비위생적이라 생각하기 때문에 놀이로 이어지지 못하고 중단되는 경우가 허다합니다. 놀이의 가치를 중요시한다면 버려도 되는 옷을 입고 아이에게 흙탕물이 튀어 조금 꼬질꼬질하게 된다고 하더라도 즐겁게 바라봐주는 것이 필요합니다. 일본 등 다른 나라 유아 교육기관이나 어린이집에 가면 놀이터가 평평하지 않고 중간마다 웅덩이들이 많이 있습니다. 모래나 진흙도 많이 있어 비가 오면 아이들이 우산을 쓰고 나가 웅덩이에서 첨벙거리면서 놀거나 진흙을 굴리면서 놀이를 합니다. 이렇게 놀다 보면 아이들은 창의적인 아이디어를 생각해 무궁무진한 새로운 놀이를 만들어 낼 수 있습니다.

〈비 오는 날 웅덩이 놀이〉

처음에는 마냥 물을 첨벙거리며 놀이를 시작할 것입니다. 발을 쿵쾅거리며 물이 튀는 과정 자체가 즐거워 서로 튀기면서도 까르르 웃으며 즐겁게 놀이에 임할 것입니다. 그러다가 발을 세게 굴릴수록 물이 멀리 튄다는 것을 알아낸 한 친구가 제안할 수 있습니다. "우리 누가 더 높이 물 튀기나 해보자!" 아이들은 모두 환호하며 동의하겠지요. 점점 더 세게 발을 굴리며 높이 솟아오르는 흙탕물을 보며 즐거워할 것입니다. 웅덩이에 물이 점차로 감소하면 그 안에

질퍽하게 있는 진흙이 아이들에게 발견됩니다. 한 친구가 과감하게 신발과 양말을 벗고 진흙 속에 발을 쑥 밀어 넣습니다. 발을 쑥 넣고 "우아~ 진흙 속에 발이 숨었어!"라며 사라진 자신의 발을 보여줍니다. 그것을 본 친구들은 그 친구를 따라 합니다. 진흙의 질펀한 느낌이 발을 감싸는 촉감을 느껴보기도 합니다. 발가락 사이로 진흙이 삐져나오는 것을 느껴보기도 하고요. 삐져나온 진흙의 촉감을 손으로 만져봅니다. 부드럽고 말랑말랑하겠지요. 아이들에게 인기 있는 요즘의 액체괴물보다도 더 생생한 느낌일 것입니다. 주먹을 꼭 쥐어 손안의 진흙이 흐물거리며 손가락 사이로 빠져나가는 것을 봅니다. 빠져나간 진흙을 모아 다시 손에 쥐기도 합니다. 아이들은 손에 발에 진흙을 묻혀가며 진흙을 있는 그대로 느낍니다. 그러다 손에 쥔 진흙이 튀어 한 친구의 얼굴에 묻습니다. "앗!" 하며 놀란 친구의 얼굴을 보니 수염을 그려 놓은 것처럼 진흙이 묻어 있습니다. 여기에서 아이들은 다른 친구의 얼굴에도 손가락으로 쓱 진흙을 묻혀 봅니다. 그 모습이 우스워 모두 까르르 웃을 것입니다. 그러면서 아이들은 서로의 얼굴에 진흙을 묻히려고 서로 뛰고 피해 다니며 한바탕 소란이 벌어질 것입니다. 뛰어다닐 힘이 빠진 아이들은 헉헉거리며 얼굴에 칠하기는 그만하자고 제안할 수도 있습니다. 한창 경쟁의 구도에서 놀던 아이들은 그 흥분이 가라앉혀지기 전에 새로운 놀이를 제안합니다. "그러면 얼굴에 칠하지는 말고 우리 진흙 폭탄 만들어서 던지자!"라고 말입니다. 아이들은 진흙을 모아 동글동글 빚어냅니다. 쇠똥구리가 쇠똥을 빚어내듯 말입니다. 서로 편을 가르고 썼던 우산을 방패 삼아 진흙 던지기 놀이를 합니다. 우산에 퍽 맞기도 하고 몸에 맞기도 하지만 놀이 자체가 즐거운 것이지 승부 따위는 아이들에게 중요하지 않습니다. 몸을 많이 움직인 아이들은 이제 힘이 좀 부족해졌을 것입니다. 아까 동글동글 빚던 진흙에 다시 다가갑니다. 동그랗게도 빚어보고 납작하게도 빚어봅니다. 납작하게 빚은 곳에 동그란 것을 올려놓고 아이들을 부릅니다. "애들아~ 이제 여기 와서 밥 먹어!"라고 말입니다. 마지막까지 열심히 진흙을 던지며 놀던 아이들도 이제 모두 진흙 밥을 먹으러 모여듭니다. 각기 자신의 아이디어를 발휘해 여러 모양을 만들어 냅니다. "동그라미는 밥이야, 이건 별사탕, 이건 소시지, 이건 똥이다!"라면서 까르르 까르르 즐거운 진흙탕 놀이가 진행됩니다.

이것은 비 오는 날 진흙탕이 있을 때 아이들이 자연스럽게 놀이를 만들어 낼 수 있는 상황을 설정해본 것입니다. 이곳에 "이렇게 해라. 이번엔 이거 하자. 이건 하면 안 된다"라고 권유하는 부모님은 없습니다. 아이들은 자연스러운 흐름에 따라 놀이를 만들고 함께해나갑니다. 뭐 하고 놀지, 어떤 것을 할지, 언제 끝낼지, 어떻게 해 나갈지가 모두 아이들이 만들어 내는 것입니다. 부모님들이 더럽다고 간섭하고 방해하지 않으면 아이들은 무궁무진하게 자신들만의 놀이를 만들어 낼 수 있습니다.

더러운 놀이와 마찬가지로 놀이의 가치를 중요하게 여기려면 위험을 감수하는 노력도 필요합니다. 위험이 있어야만 아이들이 위험을 극복하는 방법도 배울 수 있기 때문입니다. 위험을 겪어 보지 않았는데 그것을 극복한다는 건 어불성설입니다. 아이들 스스로 위험을 인식하고 통제하고 극복하는 경험은 성장 과정에서 필요합니다. 부모님들 눈에 위험해 보이는 놀이일지라도 아이들은 다치지 않게 노는 방법을 터득해가며 주변 친구들과 경험으로 알게 된 지혜를 공유하기도 합니다. 치명적인 위험은 당연히 관리해야 하지만 아이들이 위험을 감수할 수 있는 놀이는 아이들의 내적 동기를 계속 일으킵니다. 아이들이 위험한 놀이에 도전하고 부모님들이 보기엔 위험천만한 행동을 하는 것도 모두 이와 같은 이유에서입니다.

우리나라에서는 안전을 지나치게 강조하다 보니 놀이의 가치와 위험 감수의 중요성이 감소하고 있는 현실입니다. 놀이터 같은 경우 시설 기구의 안전, 설치물들의 안전에 대해서 지나치게 강조하고 있지만 실질적으로 사고 확률이 높은 곳은 놀이터 주변입니다. 정말 주의를 기울여야 할 곳은 다른 곳에 있었던 것입니다. 해외에서도 지속해서 놀이와 안전에 대한 의문을 가지고 연구를 하고 있습니다. 과연 사회가 계속해서 주입하는 아이들을 향한 지나친 주의와 과잉보호하는 태도는 미래 세대의 수많은 행동적인 문제들과 학습문제를 불러일으키는 원인이 될지에 대한 것입니다.

영국 브리티시 컬럼비아 대학과 BC 아동병원의 아동&가족 연구재단의 연구결과에 의하면 위험한 야외 활동이 아이들의 건강에 좋을 뿐만 아니라 창의력, 사회성 그리고 회복력을 향상시킨다고 했습니다. 연구에 따르면 벽 타기나 점프와 같이 거칠고 때로는 굴러떨어질 수 있고, 혼자서 탐험해야 하는 육체적인 활동들을 하는 아이들이 더 강한 체력과 뛰어난 사회성을 가지고 있는 것으로 연구됐습니다. 이러한 연구결과는 아이들에게 위험한 야외 활동을 할 기회를 지지해주는 것이 얼마나 중요한지를 알려주는 단편적인 예입니다. 요즘의 놀이터는 커다란 구조물이나 가파른 슬라이드, 높은 그네는 찾아볼 수가 없습니다. 대신에 훨씬 작고 안전해 보이는 플라스틱 장비가 그 역할을 대신합니다. 우리의 아이들이 확실히 더 안선하게 사라길 바라기 때문입니다. 히지만 이런 구조물들은 아주 어린 나이에 숙달됩니다. 아이들은 놀이기구가 더는 적절한 도전으로 보이지 않을 때 그것에 대해 지루해하고 무관심해집니다. 놀이터에 가보면 유치원 아이들은 그네, 미끄럼, 시소 등을 타며 놀지만, 초등학생만 되도 그러한 기구들에 시큰둥한 반응을 보이며 아이들끼리 놀이를 만들어 놀이 기구를 단지 도구의 하나로 사용하는 모습을 볼 수 있습니다. 아이들의 도전을 불러일으키지 않는 놀이기구는 부모님들이 의도하지 않은 위험한 방법으로 사용되기도 합니다. 아이들은 쉽게 놀려고 하지 않습니다. 한 단계 더 어려운 놀이를 하고 새롭게 도전해 노는 것을 즐깁니다.

아이들은 기본적으로 빠르고 변화무쌍하고 움직임을 가속하는 놀이를 해야 합니다. 공중에 높게 뜨기도 해봐야 하고, 미끄러져 넘어지기도 해봐야 하며 빙글빙글 돌아가는 회전판에도 올라가 봐야 합니다. 우리나라에서 안전의 이유로 사라져버린 정글짐 같은 곳에 위아래로 매달려 오르고 내려오기도 해봐야 합니다. 안전한 놀이터는 대근육, 소근육을 발달시키고 조절해야 하는 아동기의 발달에 적절치 않다고 전문가들은 이야기합니다. 도전적이고 활동적인 움직임은 자라나는 아이들에게 학습준비와 집중력 측면에서 매우 중요합니다. 충분하지 못한 야외놀이 시간, 도전적이지 않은 재미없는 놀이터, 과도한 학습, 움직일 기회의 제한 등은 아이들에게 여러 가지 어려움을 줄 수 있습니다. 감각적이고 운동적인 스킬의 부족, 부정적인 자신의 신체 인식, 자기 조절과 관리의 어려움, 집중력의 저하 등이 그것입니다.

내셔널지오그래픽이 선정한 10대 놀이터 중 하나인 버클리 마리나 모험놀이터는 2016년 샌프란시스코 잡지가 선정한 최고의 놀이터이자 디아블로 잡지가 선정한 가장 창조적인 놀이터입니다. 엄청난 명성에 대해 기대를 하고 사진을 본다면 크게 실망할 수 있습니다. 폐자재, 폐목재, 밧줄과 온갖 잡동사니로 만들어진 판자촌 같은 이런 곳이 놀이터라니 믿기지 않을 수 있습니다.

〈버클리 마리나 모험놀이터〉

이 놀이터는 미국 캘리포니아 오렌지 카운티에 있는 버클리 마리나 모험 놀이디입니다. 아이들은 이곳에서 못, 망치, 톱, 페인트와 붓, 다양한 폐목재들과 잡동사니들을 이용해서 자유롭게 놀이구조를 만들어 낼 수 있습니다. 특히 7세 전후 아이들의 창작 욕구를 자극합니다. 다소 위험하고 더럽고 지저분해 보여 잡동사니 놀이터처럼 보이지만, 놀이의 건축을 위해 적절히 위험을 받아들일 때 아이들의 역동적인 공간 감각이 충분히 개발됩니다. 아이들은 이미 만들어져 있는 놀이기구나 놀이 방법이 정해져 있는 놀이기구가 아니라 자신이 놀이 환경을 조성하고 바꿀 수 있으며 놀이를 창조하고 선택할 수 있습니다. 작은 판잣집, 돌출된 테크, 사다리, 무대, 전망대 같은 구조물도 만들 수 있습니다. 복잡하게 연결된 구조물로 구성된 작은 놀이 마을이 만들어지는 것입니다. 아이들에게 모험놀이터는 진정한 의미에서 자유로운 참여적 놀이 공간입니다. 캘리포니아 헌팅턴비치 중앙 도서관 옆 언덕에 있는 헌팅턴비치 모험 놀이터도 눈여겨볼 만합니다.

〈헌팅턴비치 모험 놀이터〉

이 놀이터는 5~12세의 아이들에게 적합한 자연주의 모험놀이 터입니다. 이 놀이터의 한가운데에는 50~60cm 정도 깊이의 흙탕물 연못이 있습니다. 아이들은 이 연못에서 뗏목을 탈 수 있습니다. 연못에는 12m 길이의 밧줄로 만들어진 출렁다리가 걸려 있고, 진흙 구덩이로 미끄러져 들어가는 자연 경사로 미끄럼들을 탈 수도 있습니다. 비 오는 날 웅덩이의 진흙 놀이를 확대해놓은 곳입니다. 타이어 짚라인과 등반을 위한 사슬도 있습니다. 이곳은 지역 주민이나 부모들로부터 각종 목재와 폐패널을 기증받습니다. 아이들은 못과 망치, 톱을 이용해서 사다리와 뗏목 등을 만들어 놀 수 있습니다.

이런 위험천만한 놀이터들에 과연 어른들은 어떤 역할들을 할까요? 놀이터에는 플레이워커들이 있습니다. 그들은 아이들의 안전을 위해 안내를 해주고 규칙을 지킬 수 있도록 합니다. 하지만 놀이에 있어서 플레이워커들은 단지 시범을 아이들에게 보일 뿐 아이들의 자유로운 상상과 창작 본능이 구현되도록 도와줍니다. 아이와 플레이워커의 비율은 10:1을 넘지 않습니다. 플레이워커들은 연못과 건축 영역 등 곳곳에 배치돼 있습니다. 아이들의 옷과 몸이 흙탕물로 더러워질 것을 각오해야 하지만 야외 샤워기 외에 라커룸이 갖춰진 샤워실이나 탈의실은 따로 없습니다. 아이들은 갈아입을 옷과 비닐 가방, 여유분의 신발, 수건을 준비해서 마음껏 즐기며 놀면 됩니다.

안전 관련 소송이 빈번하지 않은 유럽에는 이런 모험 놀이터가 1,000여 곳이 넘습니다. 영국 런던에만 80여 곳에 모험놀이터가 있습니다. 우리나라에서 모험놀이터라 하면 상업적 형태의 테마파크가 떠오르는 것과는 대조적입니다. 우리가 그동안 부정적이라고만 생각했던 더러운 놀이와 위험한 놀이가 뭐든지 도전할 힘을 주는 마법 같은 놀이였던 것입니다.

부록 1
놀이 종류별 학습효과

1. 0~3세 놀이의 학습효과

0~3세는 아이의 발달이 폭발적으로 일어나며 엄마와 애착을 형성하는 시기입니다. 애착을 형성하며 감각을 발달시키고 신체의 기능이 확장되며 아이의 발달에 맞춰 놀이 수준도 향상됩니다.

① 감각운동 놀이

감각을 발달시킨다는 것은 참으로 중요합니다. 이것은 모두 엄마의 품에서 이뤄집니다. 엄마의 시선으로 눈 맞춤이 가능하고, 엄마의 목소리로 다른 소음들은 백색소음으로 만들어버립니다. 엄마의 촉감으로 자신과 다른 사람의 경계인 피부감각을 만들어 냅니다. 이것이 제대로 발달하지 않는다면 주변의 자극들을 감당하기 어려워집니다. 다른 시선, 다른 소음들, 너무나 예민한 촉각 등이 되면서 무엇에 집중해야 할지 모르게 됩니다. 이 감각들을 처리하느라 에너지를 소모하면서 불안해지고 산만해지게 됩니다. 학습에서 가장 중요한 부분입니다. 지금 무엇을 해야 하고 어떻게 계획을 세우며 공부하려고 몸을 움직이는 것 말입니다. 공부할 때 핵심 요약을 잘하는 아이는 힘들지 않습니다. 이 부분에서 무엇을 외워야 하고 이해해야 하는지, 어떤 것이 중요한지 핵심을 적절하게 파악하면 공부하기가 매우 쉬워집니다. 어떤 아이는 모든 것을 다 외우느라 정작 중요한 것을 놓치기도 하고 선생님이 강조한 부분을 못합니다. 그러니 공부하는 것은 너무도 지치고 괴로운 일이 될지도 모릅니다. 아이가 필요 없는 부분을 넘기고 중요한 본질적인 감각에 집중하게 하는 것은 곧 엄마의 품, 목소리와 시선일 것입니다.

또한, 감각운동기에 발달할 수 있는 놀이는 행동을 반복하며 놀고 자신의 신체를 가지고 노는 것입니다. 아이는 엄지손가락을 빨고 나머지 네 손가락은 리듬을 탑니다. 더 자라면 종이를 구기거나 탁자를 치거나 해서 생기는 결과를 즐기면서 반복합니다. 아이는 성취하기보다는 장난감을 움직이거나 몸을 움직이면서 즐거움을 느낍니다. 목적보다도 과정을 중시하며 즐거운 게임을 합니다. 높은 곳에서 물건을 떨어뜨리거나 물 속에 장난감을 넣어보거나 수도

299

꼭지에 자기 손을 대어보기도 합니다.

② 사물을 갖고 노는 놀이

앉을 수 있는 아이는 이제 숟가락을 흔들거나 블록을 양손에 잡고 부딪히는 놀이를 합니다. 두드리며 놀고 흔들거나 입에 넣는 놀이가 나타납니다. 새로운 물건을 주어도 두드리거나 흔듭니다. 친숙한 것이나 낯선 것이나 모든 물건을 가지고 아이가 좋아하는 활동을 합니다. 10개월이 되면 집어넣었다 뺐다 하는 놀이를 할 수 있습니다. 그림에 주의를 기울이고 책 속에 들어 있는 내용에 관심을 가집니다. 이러한 행동들은 주의집중력을 발달시킵니다. 아이는 놀이를 하며 조용히 혼자서 놀 기회를 가지며 집중하는 연습을 합니다. 18개월 이상이 되면 신기하게도 아이는 자신의 신체에서 벗어나 외부 세계로 시선을 옮길 수 있습니다. 자기와 다른 사물, 다른 사람에 대한 인식이 생겼기 때문입니다. 생후 1년 전에는 장난감과 아닌 것을 구별하지 못했지만 18개월이 지나면 그것을 할 수 있습니다. 이때의 아이들은 밀 수 있고 끌 수 있는 장난감, 던질 수 있는 공, 맞추는 블록, 퍼즐, 모양판 등의 놀이를 선호합니다.

아이는 외부의 물건들을 조작하면서 통제감을 얻으며 자신이 해냈다는 신뢰감을 얻을 수 있습니다. 장난감 전화기를 빨거나 귀에 대보는 것, 컵에 콩을 담거나 컵을 접시 위에 놓는 것, 블록을 두 개 정도 쌓는 것 등 이때 아이는 점차 복잡한 과정을 거치며 놀이 수준도 높아집니다. 지적기능 수준이 정교화된다는 의미며, 사물을 이해할 수 있는 개념형성 능력이 발달합니다. 개념을 형성할 수 있다는 것은 학습에서 원리와 개념을 이해하는 것과 마찬가지입니다. 부모님은 관찰하고 기다려주며 찬사의 말과 따뜻한 시선을 보내주시면 됩니다.

③ 상징 놀이

아이는 손으로 오물오물 먹는 시늉을 합니다. 엄마가 다가와 "뭐 먹어?"라고 물으면 손을 뻗어 엄마에게 줍니다. 하지만 손에는 아무것도 없습니다. 만 2세 정도가 되면 상징을 사용하는 놀이를 할 수 있습니다. 빈 접시 위에 음식이 담겨 있는 척하거나 종이를 새라고 날리기도 합니다. 상징놀이를 하는 능력이 자란다는 것은 언어를 이해하는 능력이 자란다는 말과 일치합니다. 자신이 경험했던 바를 기억하고 언어화해서 떠올리며 가상으로 표현할 수 있습니다. 그것은 말이 되고 이야기가 됩니다. 주변의 경험을 언어로 잘 이해하는 과정은 학습에서 매우 중요합니다. 배운 것을 자신의 마음속에 표상시키는 것이며, 언제든지 꺼내쓸 수 있도록 기억하고 보이지 않아도 언어로 표현할 수 있기 때문입니다. 학습의 한 과정이라고 볼 수 있습니다. 그러니 상징놀이가 풍부한 아이와 빈약한 아이는 학습 태도에서부터 차이를 보입니다. 상징놀이를 할 수 있는 아이는 배운 지식을 자신만의 방식으로 오래도록 기억할 방법을 압니다. 그리고 연관된 정보들을 연결해 자신이 기억했던 지식을 다른 과제에서도 연합해 활용할 수 있습니다. 얼마나 창의적일까요? 하지만 상징놀이가 빈약한 아이는 지식으로써만 받아들이기 때문에 다른 지식과 연결하기 힘듭니다. 잘 기억할 수 있을지라도 자신만의 의미로 기억되지 않기 때문에 다른 지식과 연결될 수 없고 그야말로 공부를 위한 공부가 되는 것입니다.

④ 부모와의 놀이

가장 중요한 점은 아이의 수준에 맞춰 놀아주는 것입니다. 물건을 탐색하면 탐색하는 수준으로, 사물을 가지면 사물을 가지는 놀이로, 상징놀이가 나타나면 함께 상징을 쓸 수 있어야 합니다.

아이: *(장난감을 귀에 대고 웅얼거린다.)*
엄마: *이게 뭐야? 전화기네? 눌러보자.*

이 놀이는 아이의 발달 수준에 민감하게 반응하지 못한 것입니다. 아이의 수준은 벌써 장난감을 상징화하는데, 엄마는 기능적인 놀이에 멈춰 있기 때문입니다.

영아기의 상징놀이의 대부분이 엄마의 교육적인 도구로 활용됩니다. 교육적인 방법에서는 상징놀이가 훌륭한 도구가 될 수 있습니다. 아이에게 편안하게 접근할 수 있고 배울 수 있게 하기 때문입니다. 아이의 배변 훈련하기 위해 응가놀이를 한다거나 음식을 잘 먹게 하기 위해 소꿉놀이를 하는 것입니다. 하지만 아이가 놀고자 할 때를 포착해 교육하거나 통제하지 않기를 바랍니다. 부모님은 아이가 요구하는 행동이나 놀이 활동에 민감하게 반응해줘야 합니다. 그것은 사회성 발달에 큰 영향을 미칩니다. 아이의 요구나 말, 행동, 감정을 민감하게 받아주고 대응해준다는 것은 아이가 사회적 신호를 자연스럽게 배운다는 것을 의미합니다. 아이는 번갈아가면서 주고받는 사회적 행동에 매우 큰 즐거움을 느끼게 됩니다. 그러니 사회성 발달에 아주 커다란 영향을 주겠지요?

부모님과 놀이를 하면 아이는 지루하거나 지나치게 흥분하지 않게 되고, 아이가 놀이를 주도하면서 자기 확신을 하게 됩니다. 엄마가 그것을 확증해주는 역할을 한다면 그 효과는 배가 될 것입니다.

- 아이 놀이 수준에 민감할 것.
- 교육용으로 활용하지 않고 아이가 자유롭게 주도하도록
  도울 것.

⑤ 또래 놀이

아주 어린 아이들도 친구들과 함께 놀이하는 것이 더 발달적으로 도움이 됩니다. 14주 된 아기조차도 또래와 함께 있게 했더니 흥분된 기분을 보였다고 합니다. 하지만 아이들의 접촉이 편안하지만은 않은 것 같습니다. 또래에게 관심을 가지지만 할퀴거나 빼앗는 등 여러 문제를 일으키기 때문입니다. 그럼에도 또래와의 접촉은 아이의 사회적 기술을 습득하는 데 상당한 도움이 됩니다. 2세가 되면 협동하려는 노력이 보이므로 부모님들은 불안해하지 말고 여유로운 마음으로 아이들과 함께 접촉할 기회를 주는 것이 좋습니다.

2. 4~7세 놀이의 학습효과

이 시기의 아이는 좀 더 안정적이고 예측 가능하며 믿을 만하고 덜 자기중심적입니다. 이제야 좀 말이 통하는가 싶은 마음도 듭니다. 하지만 또 그 나름대로 우리를 놀라게 하는 행동들도 심심치 않게 보여줍니다.

① 놀이터 놀이

이때 아이들은 사회성이 발달하고 종일 돌아다닐 수 있을 정도로 영역이 넓어지며 대근육 기술을 자랑하고 싶어 합니다. 4세 아이들은 소근육 발달이 이뤄지고 알아볼 수 있을 만한 그림을 그리기 시작합니다. 자기가 경험하는 일상생활을 훨씬 넘어서 모험심을 키우기도 하고 상상의 폭도 매우 넓어지게 됩니다. 이런 발달을 볼 때면 놀이터 놀이는 정말 중요합니다. 놀이터에서는 그네, 미끄

305

럼틀, 정글링, 구름다리, 시소 등이 있습니다. 재차 강조하지만 공부는 소근육과 몸이 발달해야 합니다. 소근육과 대근육이 발달한다는 것은 정서를 조절할 수 있다는 뜻이며, 뜻하는 바대로 몸을 통제할 힘이 있다는 뜻입니다. 공부는 마음을 잘 다스리고 몸을 잘 다스리는 아이의 몫입니다. 그런 면에서 볼 때, 놀이터에서 땀에 흠뻑 젖어 놀 수 있는 것은 공부하기 위한 훌륭한 자원이 됩니다. 또한, 놀이터 놀이는 아이에게 불안을 낮춰주는 역할을 합니다. 놀이터의 위험한 놀이는 오히려 불안을 낮추고 자기 몸에 대한 유능감을 높이기도 합니다. 도전해보고 연습해보는 기회를 얻는다는 것은 낯설고 어려운 문제를 도전하는데 긴장감과 불안감을 낮추는 일이기 때문입니다.

최근 들어 시험불안이 높은 아이들이 많아졌습니다. 공부를 잘할수록 시험불안이 높은 편인데, 평소에는 정말로 우수하지만 시험만 보면 점수가 나오지 않으니 아이들은 불안할 수밖에 없습니다. 여러 원인이 있겠지만 몸을 덜 사용하는 생활이 원인이 되기도 합니다. 아이들이 몸의 기능을 발달시키고 몸의 구석구석을 사용해 뛰고 올라가고 뛰어내리는 일을 하지 못했기 때문입니다. 오로지 사고로만 판단하고 계획하면 자신에게 중요한 걱정거리가 생겼을 때 너무도 불안해서 자신의 능력을 발휘하지 못하게 되는 것입니다.

② 상상 놀이

이 시기 아이들의 상상 놀이는 누가 봐도 훨씬 정교해집니다. 그리고 상상놀이의 황금 시기라고 할 정도로 중요합니다. 인형이 살아있다고 하고 아빠를 곰으로 둔갑시키기도 합니다. 그리고 소꿉놀이를 하며 영화의 주인공이 되기도 합니다. 공주도 될 수 있고 의사 선생님도 됩니다. 아이는 상상놀이를 통해 자신의 욕구를 표현하기도 하고 해서는 안 되는 행동들도 분출합니다. 상상놀이는 학습에서 어떤 효과가 있을까요? 가설적 추론과 문제 해결의 바탕이 되는 '만약~ 이라면'의 식의 사고를 발달시킵니다. 그리고 기억력, 언어발달, 인지적 조망 수용 능력도 좋아집니다. 극 놀이를 통해 스스로 문제를 해결하고 이야기를 구성하며 타협하는 등의 활동을 하면서 초등학교 고학년이 될수록 필요한 고차적인 계획을 세우고 추론하며 문제를 해결하는 등의 능력을 키울 수 있습니다.

③ 미술 놀이

만 4세가 되면 세모, 원. 네모의 형태가 나타납니다. 낙서를 통해 자신의 이야기를 표현하고 싶어 합니다. 또한, 클레이를 가지고 형태를 만드는 놀이가 풍부해집니다. 여러 잡다한 물건들을 가지고 무엇인가를 표현하려고 하고, 집을 만들고 로봇을 만들고 자신이 좋아하는 음식들을 만들고 싶어 합니다. 요즘에는 액체괴물 재료부터 시작해서 워낙 많은 미술 재료들이 시장에 나오고 있고 아이들도 유튜브를 보면서 유튜버들처럼 똑같이 만들고 싶어 합니다. 하지만 틀에 짜여진 놀이보다는 아이의 자유로운 상상으로 만들어진 놀이가 더 좋습니다. 클레이를 만들 때도 이왕이면 틀에 찍는 것 없이 아무렇게나 표현할 수 있도록 격려하는 것이 중요합니다. 어떤 아이가 클레이를 가지고 뭔가를 만들고 싶어 조물조물 하지만 결국 어떠한 것도 만들지 못했습니다. 전문가처럼 만들 자신이 없었거나 무엇을 만들어야 할지 생각이 나지 않았기 때문입니다. 블록도 설명서가 있어야 만들고 블록 조각이 없어지면 아예 쓸모가 없어져 버리기도 합니다. 동그라미 덩어리 하나를 만들더라도 아이의 생각과 정성이 온전히 들어간다면 그것만으로도 충분히 격려해줄 일입니다.

④ 간단한 게임 놀이

저는 보드게임을 가지고 상담하는 것을 매우 좋아합니다. 거기다 아이가 보드게임을 좋아하면 정말로 신이 납니다. 왜냐하면, 게임 과정에 아이의 생각, 전략, 문제해결방법, 심리적 상태 등등이 고스란히 담겨 있어 놀이 만큼이나 아이의 마음을 잘 보여주기 때문입니다. 거기다 아이가 왜 공부하기 어려운지, 어떠한 학습 전략을 사용하는지까지 알 수 있으니 일거양득의 효과가 아닐까 합니다. 이 시기의 아이들은 대부분 간단한 규칙이 있는 게임을 씁니다. 할리 갈리도 많이 선택하고 행복한 바오밥 게임. 퍼니 버니 게임, 배부른 주방장 게임, 해적 룰렛 왕, 텀블링 몽키 게임 등 규칙이 단순하고 게임시간이 오래 걸리지 않아 승패가 빠른 게임을 선호합니다. 대부분 전략을 사용하기보다는 단순하게 차례를 지키며 우연한 결과에 따라 승패가 좌우되는 게임이 많습니다. 지는 것을 못 견디는 아이는 초반에 충분히 이길 수 있게 도와주는 것도 도움되고, 속임수를 지나치게 많이 쓴다면 "아직 게임을 할 준비가 안 된 것 같구나. 준비되면 다시 하자"라고 게임을 마치는 것도 방법입니다. 대부분 부모님은 '질 줄 아는 방법을 배워야 한다'고 합니다. 교육을 통해서 배우는 것이 아니라 상호작용을 통해서 배우는 것입니다. 아이가 지면 속상하고 슬퍼하는 감정은 당연합니다. 그것을 먼저 충분히 수용해주면 됩니다.

3. 8~13세 놀이의 학습효과

초등학교에 입학한 아이는 놀이시간이 많이 줄어들게 됩니다. 놀이터에 가도 놀 친구가 없고, 스마트폰 게임이 더 재미있을 수 있습니다. 엄마 아빠가 아이에게 '마음껏 놀아'라고 말하고 싶지만, 현실은 시간이 주어진다고 놀 수 있는 환경이 아닙니다. 또래와의 놀이를 즐기지만 부모님과의 놀이시간을 고대하기도 합니다.

① 조직화된 스포츠 놀이

초등학생이 되는 아이를 보면 점차 좀 더 질서 있고 보다 체계화되며 좀 더 논리적이 되는 것이 말이나 행동을 통해 느껴집니다. 이제 스포츠의 규칙을 이해하고 즐길 수 있는 나이가 된 것입니다. 유치원을 다닐 때는 조절이 쉽지 않아 놀다가도 어렵다 싶으면 주의가 딴 데로 돌아가고 문제를 해결할 때도 간혹 엉뚱한 말을 하거나 외형적인 모습에 더 치중하기도 합니다. 하지만 초등학생이 되면 사물의 본질을 이해하고 무엇이 자신에게 이득이 되며 어떻게 문제를 해결해야 할지 순서를 정하거나 분류를 하기도 합니다. 그러니 1시간이 넘는 경기에 참여하기도 하고 경기에 무엇을 해야 할지 어떻게 하면 이길 수 있을지 오랫동안 지켜보고 계획을 세울 수 있습니다. 대부분의 아이가 쉽게 접할 수 있는 축구, 농구, 야구나 피구를 선호합니다. 어쨌든 아이들은 경기에 참여하면서 전체적인 경기의 흐름과 순서, 논리를 가지고 종합적으로 살피는 능력, 무엇 때문에 이기고 지는지를 파악하는 인과관계 능력이 생기게 됩니다.

아이들은 아빠와 주로 스포츠놀이 경험이 많습니다. 아이들은 아빠와 놀이 속에서 시무룩해지거나 "다시는 놀지 않을 테야"라고 끝나는 일이 많습니다. 스포츠 놀이는 과학적으로 조직화된 규칙을 가지고 있습니다. 그리고 스포츠맨십도 있어 정정당당하게 이기고 지는 과정과 또래들끼리의 소속감도 담고 있습니다. 아이가 야구, 축구, 농구의 규칙을 잘 적용할 수 있다면 그다음부터는 아이에게 놀이를 맡겨야 합니다. 선수처럼 뛰어나거나 더 훌륭한 전략을 세우거나 더 조직화할 방법을 가르칠 필요가 없습니다. "이왕이면 제대로 해야죠"라는 말은 오히려 아이가 스포츠의 조직화된 원리를 이해하고 스스로 문제를 해결하고 갈등을 풀어나가는 전략을 세우는 데 방해가 될 뿐입니다.

한 아이가 어릴 때부터 바둑을 공부했습니다. 프로기사가 꿈이라 바둑에 매진했기 때문에 학과 공부를 하기는 어려웠습니다. 아이는 고등학교 3학년이 되자 어찌 된 일인지 바둑을 포기하고 공부해서 대학에 가기로 결정했습니다. 그 아이는 딱 1년 동안 공부를 했고 서울 안의 꽤 이름이 알려진 대학에 진학했습니다. 아이에게 비결을 묻자 "공부가 바둑하고 원리가 같더라고요. 그래서 별로 그렇게 어렵지 않았어요"라고 대답했습니다. 스포츠가 가진 과학적이고 체계적으로 조직화된 규칙들과 실행하는 데 필요한 문제해결 능력, 인내력이 학습에도 영향을 미쳤던 것입니다.

② 지적 기술 습득 놀이

초등학생들은 이제 직접 기술을 연마하고 싶어 합니다. 이를 에릭슨은 근면성에 대한 요구의 발달 단계라고 합니다. 더욱 넓은 어른들의 세계에서 성공하기 필요한 지식과 기술들을 연마한다는 의미입니다. 전통시대 같았으면 농사짓는 기술이나 무술을 연마했겠지요. 하지만 우리나라 특성인지 모르겠지만, 공부가 어른들의 세상을 연마하는 하나의 방법이 되고 있습니다. 그래서 상징놀이가 감소하고 현실에 적응하는 데 더 애를 쓰게 됩니다. 그러나 아이들은 스케이트를 타거나 자전거를 타는 일, 나무에 올라가거나 농구 골대에 공을 넣는 일등의 기술을 연마하고 싶어 합니다. 카드 게임을 하거나 혼자만의 힘으로 책을 읽고 수수께끼를 알아맞히거나 아무도 알아맞힐 수 없는 것을 질문하고 누구도 하지 않는 농담으로 친구들을 웃기면서 매우 큰 뿌듯함을 느낍니다. 그리고 동시에 한 걸음 더 어른의 세계 속으로 들어가고 싶어 합니다. 아이가 엉뚱한 말로 웃기려고 하거나 질문하고 말장난을 하며 난센스 퀴즈를 낸다면 기꺼이 적극적으로 받아주십시오. 아이는 더 유능한 사람이 되고 싶다는 뜻일 테니까요.

③ 수집 놀이

초등학교 이후 아이들은 논리성이 강화됩니다. 순서적 방법을 좋아하고 논리적으로 분류하고 범주해 세상을 보게 됩니다. 지능검사에서 공통 그림 찾기 소검사가 있습니다. 그림을 보고 같은 범주를 찾아내고 고르는 과제입니다. 이 소검사의 점수가 높을수록 사물에 대한 의미 추론이 쉽고 범주를 명확하게 잘 구분할 수 있습니다. 한마디로 논리적인 생각을 할 수 있는 능력이 뛰어나다는 뜻입니다. 학습에 매우 필요한 조건일 수 있습니다. 이 능력을 키우고 싶든 아니든 아이들은 수집하는 일이 늘어나게 됩니다. 수집하는 데 열정을 쏟고 부모님의 간섭을 견디며 자신의 수집품을 소중히 여깁니다. 대체로 스티커, 인형, 장신구, 카드, 만화책 등이 대부분입니다. "집에 있는데 또 사?" 같은 말로 아이와 실랑이를 하게 됩니다. 하지만 수집하는 놀이는 아이에게 매우 중요한 일입니다. 얼마 전 '유희왕 카드'를 모으는 아이를 본 적이 있습니다. 아이는 희귀한 카드를 얻으면 뭔가 대단한 힘을 가진 것처럼 보였습니다. 아이들 틈에서도 부러움의 대상이 되기도 합니다. 또는 수집하는 아이들은 공통의 관심을 가진 아이들과 거래하고 교환하며 빌려주고 받는 놀이가 비일비재해집니다. 때론 이러한 모습을 좋지 못한 시선으로 보는 어른이 있지만 아이들 나름대로는 대단한 협상기술을 발휘하는 것입니다.

학습적으로 볼까요? 수집의 가장 큰 효과는 수집함으로써 수에 대한 개념이 발달하고 익숙해지는 것입니다. 수학이 어려운 것은 수가 익숙하지 않기 때문이기도 합니다. 그러한 면에서는 매우 큰 도움이 될 수 있습니다. 수집하는 물건을 분류하면서 분류개념을 습득하고 논리가 생기게 됩니다. 그리고 변별능력이 좋아집니다. 다른 말로 하면 안목이 좋아진다는 뜻입니다. 아이들의 수집을 관심 있게 봐주는 것은 어떨까요?

④ 규칙이 있는 게임 놀이

구슬 놀이, 공기놀이, 술래잡기, 숨바꼭질, 비석치기 등등 어릴 때도 하지만 초등학교 이후에는 꽤 조직화되고 안정된 규칙을 가지고 게임 놀이를 합니다. 그리고 바둑, 체스, 카드, 블루마블, 도둑잡기, 아발론 등 셀 수 없을 정도의 수많은 보드게임에 관심을 가집니다. 게임은 보드게임이든 야외에서 하는 게임이든 규칙이 있고 두 명 이상이 참여해야 합니다. 보드게임처럼 합의된 부호를 기억하며 게임을 하고 아이들끼리 규칙을 만들고 합의합니다. 매우 높은 수준의 만족 지연 능력을 갖춰야 이 게임들을 즐길 수 있습니다. 그리고 이긴다는 목적 이외에 즐거움을 느끼게 됩니다. 앞서 말한 바와 같이 규칙이 있는 게임은 참여자가 모두 공통의 목표를 향해 움직입니다. 그때 아이는 반드시 우리에게 들려줍니다. 자신이 어떻게 이겼는지를 말입니다. 꽤 논리적이고 타당합니다. 우리가 발견하지 못한 사이에 아이는 자신만의 전략으로 엄마나 아빠를 KO 패 시키고 있습니다. 게임하는 동안 아이는 기다리고 수를 살피고 먹이를 기다리는 사자처럼 통쾌하게 공격할 것입니다. 명심할 것은 학습은 먼저 원하는 것을 지연할 수 있는 능력과도 연관이 있다는 사실입니다. 보드게임을 펼치십시오. 그리고 아이와 함께 놀이를 시작하세요. 우리 아이들은 우리가 가르치는 것보다 훨씬 더 많은 것을 알고 있다는 사실을 느끼실 수 있을 것입니다.

부록 2
세계 여러 나라 놀이

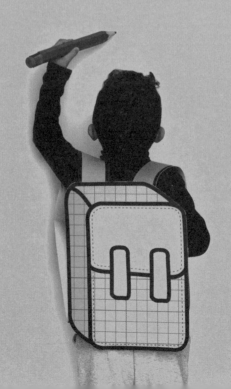

① 영국

영국은 2007년 국가 정책으로 '놀이'를 다루고 있습니다. 국가적 차원에서 아이들에게 놀이할 수 있도록 정책을 정한 것입니다. 놀이라는 자발적인 특성을 어떻게 해치지 않고 아이들이 누릴 수 있도록 확보하는가에 중점을 뒀습니다. 그래서 발표된 것이 4가지 정책입니다. 첫째는 학교, 유치원, 어린이집 등 아이가 있는 곳에서 놀이시간을 확보하는 것이며, 둘째는 공원이라는 장소에 놀이를 확보하는 것이었습니다. 공원이 먹고 마시는 것이 아니라 어떻게 아이들의 놀이를 펼치게 할 것인지에 대해 정책을 마련했습니다. 공원에 창의적이고 매력적인 놀이터를 만들고 놀이하는 방법을 널리 알리도록 했습니다. 놀 수 있는 공간의 정보를 자주 제공했습니다. 셋째는 놀이 전문가를 양성하는 일이었고 마지막으로 거리 개념을 펼쳤습니다. 부모님들이 어렸을 때만 해도 골목골목에서 아이들과 놀았던 기억이 나실 것입니다. 골목에서 술래잡기를 하고 고무줄놀이를 했겠지요. 우리가 어릴 때 놀던 것처럼 아이들도 거리에서 놀이를 할 수 있도록 했습니다. 놀이는 정말로 자발적이고 자유로워야 하기에 정책으로 만들기 어려웠을 것입니다. 하지만 영국의 이러한 노력이 얼마나 놀이에 대해 깊이 고민하는지 알 수 있습니다. 영국의 Playday는 놀이의 중요성을 알리는 활동으로 모험놀이터에 대한 관심을 꾸준히 드러내고 있습니다. 아이들이 자유롭게 탐험하고 놀면서 창의력을 키울 공간에 관한 관심입니다. 무엇보다 놀이에 대한 의미를 다시 되짚어보자는 노력으로도 엿보입니다.

② 핀란드

우리나라는 예전에 아파트 놀이터가 주차장에 밀려나 구석에 있었습니다. 그것을 본 핀란드 출신의 이웃이 놀이터가 동네의 중심에 없다는 사실에 경악을 금치 못했다고 한 이야기를 들은 적이 있습니다. 그리고 너무 얌전하게만 놀기를 원한다고 했습니다. 핀란드에서는 놀이를 교육 일부로 정해 학습보다 더 중요한 교과로 마련돼 있습니다. 셈하기, 글쓰기에 관한 관심보다는 어떻게 놀고 놀이시간을 확보하는가에 더 초점을 맞춥니다. 그래서 쉬는 시간이 매우 길고, 그 시간엔 반드시 바깥에서 놀도록 합니다.

우리나라는 어떨까요? 쉬는 시간에 문제를 일으킬지도 모르니 앉아 있도록 합니다. 그리고 바깥에 나가는 것을 꺼립니다. 하지만 핀란드에서는 충분히 밖에서 놀고 온 아이들이 학습에 대한 성취도가 훨씬 좋다는 결과를 내세우며 실제로 실천합니다. 어린아이를 상담할 때 부모님에게 "바깥 놀이를 많이 시켜주세요"라고 조언을 드리면 "날씨가 너무 추워서 따뜻해지면 나가야죠"라고 합니다. 핀란드 부모님들은 영하 25도보다 낮은 날씨가 아닌 이상 무조건 아이들을 바깥으로 내보냅니다. 아이들은 추위를 타지 않습니다. 겨울에도 빨간 볼을 한 채 웃으면서 뛰어다니기 바쁩니다. 심지어 놀이 관련 나쁜 사례들로 한국 사례를 든다는 것은 참으로 슬픈 일입니다.

③ 호주

호주에는 놀이 전문가가 있습니다. 영국도 마찬가지로 놀이 전문가의 양성이 활발합니다. 흔히 생각하기를 놀이 전문가라고 한다면 놀이를 가르쳐주고 전승한다는 개념으로 받아들이기 쉽습니다. 하지만 호주에서는 놀이를 가르치는 것에 상당히 거부적인 태도를 보입니다. 놀이 전문가는 아이들이 놀 수 있는 공간과 시간을 확보해주는 사람이라고 볼 수 있습니다. 놀이를 가르치는 것이 아니라 더 잘 놀 수 있는 공간과 시간을 조절해주는 역할입니다. 앞서 강조했듯이 놀이를 가르치는 순간 또 하나의 교육이 됩니다. 아이들의 자유는 침해당하는 것입니다. 우리나라와 놀이를 받아들이는 인식과 개념 자체가 매우 다르다고 생각됩니다. 놀이는 가르치는 것이 아니라 목적 없이 잘 노는 것을 말합니다. 호주나 영국에서는 놀이의 개념을 잘 이해할 수 있도록 부모님들을 대상으로 항시 교육한다고 합니다. 놀이야말로 큰 배움이자 도구며 목적이라는 점을 이제 우리도 알아야 할 때입니다. 왜냐하면, 그것이 아이 삶의 본질이며 그 자체기 때문입니다.

④ 미국과 일본

뉴욕 거버너 아일랜드의 The Yard는 여름에 개방하는 섬입니다. 모험 놀이터가 있는데, 놀이터 안에는 아이들과 놀이 전문가들이 있습니다. 모험놀이터에는 망치, 페인트, 타이어, 목재, 못 등의 위험한 도구들이 제공됩니다. 해외 사례에서 관심을 두는 것은 모험놀이터에 대한 관심 때문입니다. 왜 모험 놀이터의 중요성을 알리고 공간을 마련하려고 노력하는 것일까요? 우리나라 아이들은 나무 위에 올라가는 일이 허락되지 않습니다. 안전을 가장 우선시하며 아이들의 행동에 제한을 둡니다. 하지만 아이들은 시도하고 경험하며 자유로워질 수 있습니다. 공격성을 마음껏 펼친 아이는 그렇지 않은 아이보다 짜증이나 공격성이 덜 합니다. 그리고 세상에 대해서도 덜 불안하니 도전할 수 있습니다. 어려운 문제가 나와도 해결할만한 시도를 내비치고 실패하더라도 겁내지 않습니다. 모험놀이터의 장점과 아이 발달이나 학습 효과는 무궁무진합니다. 일본의 후지 유치원은 자유롭게 뛰어놀 수 있는 공간으로 엄청난 인기를 끌고 있습니다. 아이들은 뛰고 스스로 넘어져 보고 다쳐볼 기회를 가지고 위험하게 나무에 매달리고 쉴 수 있습니다. 정말로 세상을 사는 연습을 제대로 합니다. 매우 즐겁고 자유롭게 말입니다. 반짝이는 눈으로 책을 볼 것이며, 호기심으로 지식을 연마하는 마음으로 공부를 시작할 것입니다.

E P I L O G U E

놀이의 과정 = 부모와 자녀의 관계 = 학습의 과정

최근 인기리에 방영된 '스카이캐슬'이라는 드라마가 있습니다. 과연 저게 현실이냐 할 정도의 입시에 대한 암투와 그 세계의 비밀이 드라마를 통해 나타났습니다. 아이들의 보장된 성공을 위한 길이라고는 하지만 우리는 과연 그것이 아이들을 위한 일일까? 부모의 그릇된 욕망을 위한 일일까를 점검해봐야 할 때입니다.

결혼한 부부가 아이를 갖게 되면서 삶은 180도 달라집니다. 나를 위해 살던 삶에서 아이를 위해 살던 삶으로 바뀝니다. 영유아 시기엔 아이의 신체 사이클에 따라서 함께 먹고 자야 하는 일도 빈번하고요. 한창 고집을 부리기 시작하는 3~4살 무렵에는 말도 안 되는 아이의 요구를 들어줘야 하는 일도 생깁니다. 아이가 미래에 성공적인 삶을 살게 하려고 사교육 시장에 뛰어들기도 합니다. 아이의 보장된 미래를 위한 준비라고 하는 일들이 진정으로 그 힘을 발휘하려면 아이들 스스로가 원하는 동기가 있어야 합니다. 알고자 하는 욕구, 익혀보려고 하는 욕구, 더 잘하고 싶은 욕구 말입니다. 드라마에서처럼 부모님의 욕구가 선행돼 아이에게 그것을 따르게 한다면 아이를 위한 길이라고 하면서 사실은 자신의 욕구를 채우는 것입니다.

지금 내 옆에 있는 아이의 욕구를 바라봐주십시오. 아이는 어떤 것을 원하고 있나요? 더 어린 아이일수록 놀고 싶어 하는 욕구를 발견할 수 있습니다. "엄마, 우리 이거 해요", "엄마, 이거 봐봐요", "엄마, 내가 이거 만들었는데요", "엄마, 우리 놀이터 가요"라면서 많은 욕구를 나타낼 것입니다. 아이가 원하는 욕구에 얼마나 응답하고 있는지 곰곰이 생각해봤으면 좋겠습니다. 아이의 욕구 대신 부모님은 아이에게 주고 싶은 자신의 욕구만을 표현하고 있지는 않나요? "밥 먹을 시간이다", "학습지 풀어야지", "그만 놀고 학원 가야 해", "집이 엉망이 됐네. 어서 치워", "이제 자자", "어서 양치해라" 부모님 나름대로는 당위성이 있는 활동이지만 부모님의 욕구가 받아들여지려면 그 전에 아이의 욕구를 수용해주는 활동이 선행돼야 합니다. 아이가 놀고 싶다면 함께 신나게 놀아주고 그다음에 부모님이 아이에게 전해줄 이야기를 한다면 아이는 훨씬 편안하게 부모님의 말을 이해하고 행동할 것입니다. "엄마는 맨날 엄마 마음대로 해"라는 말을 많이 한다면 아이는 자신의 욕구를 충족하지 못한 채 시키는 대로만 하는 꼭두각시처럼 지내면서 화를 쌓아가는 중일 수 있습니다.

지난 15년가량 놀이치료를 하면서 많은 아이와 부모님을 만났습니다. 각기 다른 개성과 각기 다른 환경에서 자라난 아이들과 부모님들이지만 상담센터를 찾는 공통된 특징 중 하나는 '아이는 아이 뜻대로 되지 않다 보니 용납되지 않는 다른 방식으로 자신을 표현하는 것이고, 부모님은 용납되지 않는 표현 방식만을 교정하려 드니 관계가 악화하고 갈등이 심화된다'는 것이었습니다. 놀고 싶어 하는 아이의 욕구를 제한한 채 학습만을 요구하는 경우 아이는 그 화를 친구들에게 풀어낼 수 있습니다. 아이들 노는 데 훼방을 놓는다거나 화가 난다고 충동적으로 물건을 던지거나 친구를 때릴 수도 있습니다.

부모님들은 어린이집에서 이러한 아이의 어려움을 보고받고 상담센터에 찾아오지만, 그 표면적인 어려움의 이면에는 아이의 큰 욕구 좌절이 있는 것입니다. 부모님이 섬세하게 그것을 헤아려 알아준다면 아이는 놀라울 정도로 빠른 변화를 나타낼 수 있습니다. 그것이 바로 부모자녀 관계의 변화로 이뤄낸 성과입니다. 서로의 욕구를 이해하고 수용해주는 태도들이 부모자녀 관계를 긍정적으로 만들고 이러한 관계를 바탕으로 아이들은 더욱 바람직한 방향과 자신의 미래를 위해 나아갈 방향을 수용해 적극적으로 탐색할 수 있는 것입니다. 긍정적 부모자녀 관계의 기반에는 놀이가 핵심입니다. 놀이처럼 자유롭고 목적도 없이 즐거운 것이 없기 때문입니다. 어린 아이일수록 부모님과 많은 상호작용을 하게 됩니다. 이때 놀이를 통한 깊은 상호작용이 아이가 건강하게 성장할 수 있는 안정적 기반이 됩니다.

놀이가 중요하다고 인식하는 세계적인 흐름 속에서 유독 우리나라만 뒤처져 있습니다. 놀이 자체를 시시한 애들만의 활동이라고 여기거나 놀이를 할 시간에 하나라도 더 배우고 익혀야 한다는 사회적인 배경 때문이라고 생각됩니다. 하지만 우리나라도 여러 단체와 전문가들이 놀이의 필요성을 지속해서 강조하고 있습니다. 얼마 전 신문에서도 반가운 기사를 봤습니다. 서울 공립 초등학교 11곳이 새 학기부터 학생들에게 하루 30분 이상 놀이시간을 주는 '더 놀자 학교'로 운영된다는 것이었습니다. '더 놀자 학교'는 학교 교육과정을 탄력적으로 조정해 일과 시간 중 30분 이상을 중간놀이시간으로 운영하는 것입니다. 더불어 놀이시간의 중요성과 놀 권리 보장을 위한 학부모 연수도 함께 진행됩니다.

이 책을 집필하게 된 데는 단지 공부를 잘할 수 있는 놀이 방법을 안내하고자 함이 아닙니다. 공부, 즉 우리가 모두 원하는 학습력을 높이기 위해서 부모자녀의 관계를 향상시키고 사회성 및 공감능력, 주도성, 자율성 등을 발전시키기 위한 가장 좋은 방법의 기반이 바로 놀이임을 강조하기 위해서입니다. 그동안 상담 현장에서 비정상적으로 커진 사교육 시장과 점점 더 내려가는 사교육 연령, 놀이를 잃어버린 아이들이 삶의 중심을 잃고 흔들리는 모습을 보면서 상담사로서 그리고 아이를 키우는 부모로서 참 안타까운 심정이었습니다.

부모님들이 상담에 참여하면서 아이와의 놀이와 소통에 대해 충분히 공감하고 부모자녀놀이와 또래놀이를 적극적으로 하는 경우 아이가 억눌려왔던 부정적 에너지를 긍정적 에너지로 발휘하는 것을 직접 눈으로 목격했습니다. 과거에는 못 한다고 하지 않던 일도 적극적으로 해보려는 모습을 보이고, 조금은 어려운 일도 스스로 해결 방법을 찾아 나가며, 자기가 잘하는 것을 발견할 시각을 갖게 된 것도 모두 놀이의 힘이었습니다. 게다가 앞으로 우리 아이들이 이끌어 나갈 미래는 단순히 지식이 많은 사람을 원하지 않습니다. 미래의 인재는 사람만이 할 수 있는 무기가 있는 사람입니다. 창의성, 사회성, 협업능력, 공감능력, 창조적 아이디어들입니다. 놀이를 통해 건강한 학습력을 발전시키고 이를 토대로 건강한 미래를 만들어 갈 아이들을 키워나가길 바랍니다.

본 책의 내용에 대해 의견이나 질문이 있으면
전화 (02)3604-565, 이메일 dodreamedia@naver.com을 이용해주십시오.
의견을 적극 수렴하겠습니다.

잘 노는 아이가 공부도 잘한다

제1판 1쇄 인쇄 | 2019년 5월 15일
제1판 1쇄 발행 | 2019년 5월 22일

지은이 | 이미영, 유지수
펴낸이 | 한경준
펴낸곳 | 한국경제신문*i*
기획제작 | (주)두드림미디어
책임편집 | 이수미

주소 | 서울특별시 중구 청파로 463
기획출판팀 | 02-3604-565
영업마케팅팀 | 02-3604-595, 583 FAX | 02-3604-599
E-mail | dodreamedia@naver.com
등록 | 제 2-315(1967. 5. 15)

ISBN 978-89-475-4477-1 (13590)

책값은 뒤표지에 있습니다.
잘못 만들어진 책은 구입처에서 바꿔드립니다.